中学受験

入塾テストで上位クラスに入る

スタートダッシュ

算数

西村則康

青春出版社

入塾テストでの「備え」が、その後の学力の「伸び」を決める！

本書は、中学受験塾が行っている「入塾テスト」に特化した学習ドリルです。

中堅以上の学校を目指すのであれば、どうしても受験対策として塾に通う必要があります。今どきの中学受験は、お父さんお母さんの時代に比べて問題が非常に難しくなっており、中学受験を突破するために必要な勉強量も年々増えています。内容だけでなく問題数も多いため、ムダなく速く解くための専門的なテクニックが必要となってくるのです。

そんな中学受験を突破するためのテクニックに精通し、毎年の出題傾向を分析して日々カリキュラムを更新しているのが進学塾です。そして、「入塾テストで上位クラスに入ること」が、その後の学力の「伸び」を決定づけるポイントになります。それはなぜでしょうか？

なぜ、入塾テストで上位に入ることが大事なのか

私は“塾ソムリエ”として多くの中学受験生にアドバイスしてきました。ほかの著書でもたびたびいっていることですが、「入塾テストで上位クラスに入ること」には、次のようなメリットがあります。

◉力量のある先生の授業を受けられる

たとえば5つの算数のクラスがある場合、一般的には教師３人で担当します。その割り振り方は、まず解説能力が高く、応用問題を教えることが得意な先生が上位クラスを受け持ちます。次に、生徒を楽しませる力がある、もしくは基礎を教えることが得意な先生が下位クラスを受け持ち、残った先生が他のクラスを担当します。つまり、上位クラスに入ればより質の高い授業を受けられますが、下位クラスの子は塾にとって「お客さん」になってしまうことがあります。

◉授業の進度や内容に差がつく

塾の授業はクラスの学力の平均値を基準とした内容になります。上位クラスは難しい応用問題の解き方なども授業で教わりますが、下位クラスでは応用問題はやらず、簡単な解法だけしか教わらないこともあります。しかも、クラス分けテストは全クラス共通。応用問題が出されても、下位クラスの子は解き方を教わっていないので解けません。

◉授業時間なども優遇される

さらに、塾によっては上位クラスだけ授業時間が多かったり、特別テストを受けられたりと、日常的に優遇されることがよくあります。

このように、上位クラスと下位クラスでは扱いがかなり違います。入塾後の学力の「伸び」を考えたとき、その差が開きやすいのは明らか。「最初は下位クラスでも、だんだん実力を伸ばして上位クラスに上がればいい」と考える親御さんもいるかもしれません。しかし、日常的な授業内容や時間数が違うため、実際には下位から上がっていくのはかなり難しいのです。無理とはいいませんが、それには並々ならぬ努力が必要になります。

入塾テストってどんなもの？

「入塾テストで上位に入ることが大事」ということの意味について、わかっていただけたかと思います。では、「入塾テスト」がどんなものなのかをあらためて説明しましょう。

いわゆる関東の四大塾（SAPIX、日能研、四谷大塚、早稲田アカデミー）をはじめ、どの塾でも最初に入塾テストがあるのは同じです。入塾テストの結果によって「入塾そのものの可否」と「クラス分け」が決まります。中学受験を目指して塾に入る場合、入塾する時期は小学４年生内容の授業が開始される「小学３年生の２月から」というのが一般的。多くの塾ではそのころに塾の新学期が始まるので、このタイミングで入塾するのがベストです。そのためには、３年生の11月・12月・１月に行われる入塾テストを受ける必要があります。もちろん3月以降も月１回程度は入塾テストがあるので、４年生になってから入塾することも可能です。しかし、４月からは塾の授業スピードがグンと速くなります。できれば3月までに入塾することをおすすめします。

私の考えでは、レベルが高いといわれる塾で一番下のクラスに入るより、ほかの塾で上位クラスに入れるのならそちらを選ぶ方がいいです。塾内での扱いが違いますから、結果的に学力を伸ばすことができるでしょう。いくつかの塾の入塾テストを受けて、一番上位クラスに入れる塾に決めるという方法もあります。

入塾テストは何度かチャンスがあるので、最初から「11月は予行演習」と考えて、12月や１月の入塾テストに照準を合わせて準備を進めるという手もあります。特に初めて入塾テストを受ける子は、１回目は会場の雰囲気にのまれて実力を発揮できないことがあります。本番前に別の塾で雰囲気をつかんでおくのもいいですね。また、２回目以降の入塾テストでも成績が振るわなかった場合には、別の塾を検討してみるのも手です。別の塾で上位クラスに入れるようなら、そちらの塾に決める方が「お得」だといえます。

入塾テストで出題される問題とは

入塾テストは「算数」と「国語」の2教科で、それぞれ40分程度の時間で行われます。算数で問われる力は大きく分けて次の3つです。

①正確でスピーディーな計算力　⇒計算問題（第1章）
②短い文を理解し、和差積商（＋－×÷）を判断する力　⇒一行問題（第2章）
③長い文を筋道立てて理解し、試行錯誤することができる力　⇒応用問題（第3章）

入塾テストでは、単純そうに見える計算問題でもあちこちに「ひっかけ問題」が仕込まれていて、知らずに解くとつい間違えてしまうようにつくられています。問題数もB4サイズの問題用紙7枚程度と非常に多く（SAPIXの場合）、解き方を知らない問題にぶつかった場合、ひとつの問題に時間をとられて最後まで解けないことも多いです。

入塾テストにどんな問題が出るか、どんな解き方をしたらいいかを知っていることは大きなアドバンテージになります。出題される可能性のある問題は本書の内容でほぼ網羅されているので、しっかり取り組んでいただければ大丈夫です。

では、「四大塾」と言われるSAPIX、日能研、四谷大塚、早稲田アカデミー（関西では浜、希、馬渕、日能研）の出題傾向を見ていきましょう。

①計算問題、②一行問題、③応用問題がそれぞれ出題される配分は塾によって多少違い、SAPIXは①40％、②30％、③30％となり、それ以外の塾は①50％、②40％、③10％となります。SAPIXや関西の浜、希といった塾では、応用問題の配分がかなり大きいのが特徴です。日能研などのその他の塾では、①と②で90％を占め、基礎学力を重視する傾向があります。

◉小学校のテストと入塾テストの違い

	小学校の学習	入塾テスト
計算	1段階の計算まで	四則混合、かっこの計算も出題。3桁の和と差
応用	小学校ではやらない	「もしこうだったら」「こうなるためには」という、次や1つ前を考える問題 ⇒最難関校受験に必要な思考習慣
文章題	和差積商の単独問題	混合・言葉と記号のつながりの理解を問う
問題量	標準	小学校テストの2～3倍を同じ時間で解く
文字数	標準	これまで子どもたちが見たこともない文字数

本書の特色と使い方

本書の特色①　入塾テストで問われる内容をすべて網羅

本書に掲載した問題は、入塾テストに出題される可能性が高いものばかりです。問題形式も入塾テストに合わせているので、本番でもとまどわないでしょう。また、**入塾後に伸びる力を意識した問題、解説なので、中学受験突破に必要な力の根幹をきたえることもできます。**

本書の特色②　子どもにわかりやすい言葉で説明するから理解しやすい

解説では、イラストのキャラクターが子どもになじみのある言葉で語りかけてきます。**ふだん使っているようなわかりやすい言葉で説明している**ので、スッと耳に入り子どもの理解を助けます。

本書の特色③　イラストつきの楽しい演出で最後まで読み通せる

長文問題には、問題を一緒に解いてくれるイラストと解説をつけています。**イラストと吹き出しを追うことで、長い文でも子どもが飽きずに最後まで読み通すことができます。**子どもはイラストと一緒に試行錯誤しながら、問題を解く楽しさを感じられます。

本書の特色④　2回の模擬テストで仕上げもバッチリ

問題集のほかに入塾テストの形式に合わせた模擬テスト（146～159ページ）もつけています。これは**長文の応用問題を含む多種多様な入塾テストに対応**しています。ご購入いただいた方にはダウンロード版も用意しているので、本番直前のチェックは万全です。

使い方のポイント　「時間の予測」ができるように解かせましょう

入塾テストでは、いかにムダな時間を使わずに、時間配分を考えて解くことが大切です。本書に取り組む際には、子どもに時間の予測をつけさせるようにします。たとえば「15分でここからここまでやろう」と範囲を決め、「よーいドン」のかけ声でやらせましょう。

また、小学3年生くらいだと勉強でもお母さんの関わり方が大切です。子どもが勉強しているときは**声をかけてはげまし、笑いかけ、ほめてあげてください**。お母さんが笑いかけてくれることで、子どもは「自分が今やっているのはいいことなんだ」という肯定感が生まれます。**子どもが楽しいと感じていれば、勉強も前向きに取り組める**でしょう。

本書の構成

本書は次のような構成になっています。入塾テストまでのスケジュールに合わせて、必要な項目を中心に進めていってください。

① 診断テストで現時点の学力をチェック（10 ～ 13 ページ）

まずは診断テストを解いて、現在の習熟度をチェックしましょう。診断テストの結果によって、入塾テストまでに本書で取り組むべき問題が指示されます。

② 練習問題で理解を進める（第1章～第3章）

指示された問題を中心に練習問題に取り組みましょう。特に間違いが多かった問題の項目は、「かいせつ」をしっかり読んでから「れんしゅう」の問題を解かせてください。また各章の扉には、親御さんがお子さんの勉強を見てあげる際のポイントについて説明しています。練習問題の解答・解説は、とじ込みの別冊に載っています。

③ 問題集・模擬テストに挑戦（第4章）

練習問題を終えたら、問題集を解くことで解き方を定着させましょう。問題集のほとんどは、過去の入塾テストで出題された問題を参考に作られています。しかも、出題される問題の形式もほぼ同じですから、本番に近い形で解くことができます。

問題集が終わったら、いよいよ模擬テストで力試し。模擬テストは早い時期に取り組んで、テスト慣れしておくといいでしょう。テストのあとの見直しも忘れずに。

④ 模擬テスト（ダウンロード版）で最終確認

入塾テストの直前には、本書に掲載されているものとは別の、ダウンロード版の模擬テストに挑戦してみましょう。ここでテストの感覚を取り戻し、時間配分や間違いやすい問題の最終チェックをしておけば準備は万端です。

●模擬テスト（ダウンロード版）の入手方法

本書をご購入いただいた方には、特典として本番形式の模擬テスト（PDF ファイル）をダウンロードしていただけます。下の URL を入力して、ダウンロードページにアクセスしてください。B4 判とやや大きいので、コンビニの出力サービスなどを利用するのが便利です。

http://www.e-juken.jp/20181020amacam_startdash_dl_ag0xsn.html

QRコードからもアクセスできます！

本書の使い方

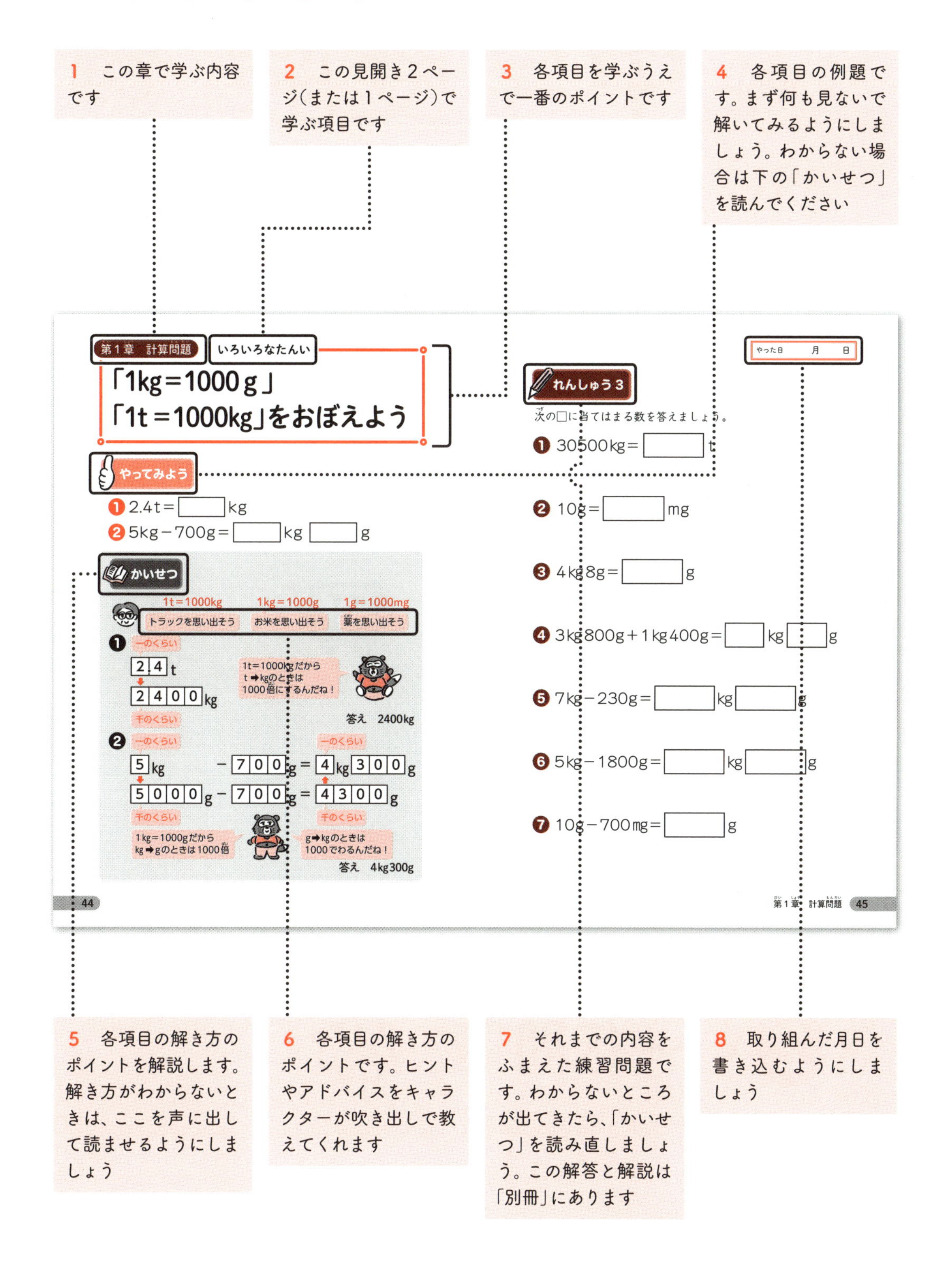
1　この章で学ぶ内容です
2　この見開き2ページ(または1ページ)で学ぶ項目です
3　各項目を学ぶうえで一番のポイントです
4　各項目の例題です。まず何も見ないで解いてみるようにしましょう。わからない場合は下の「かいせつ」を読んでください
第1章　計算問題
いろいろなたんい
「1kg＝1000g」
「1t＝1000kg」をおぼえよう
やってみよう
❶ 2.4t＝□kg
❷ 5kg－700g＝□kg□g
かいせつ
1t＝1000kg　トラックを思い出そう
1kg＝1000g　お米を思い出そう
1g＝1000mg　薬を思い出そう
一のくらい
千のくらい
1t＝1000kgだから t➡kgのときは1000倍にするんだね！
答え　2400kg
1kg＝1000gだから kg➡gのときは1000倍
g➡kgのときは1000でわるんだね！
答え　4kg300g
44
やった日　月　日
れんしゅう3
次の□に当てはまる数を答えましょう。
❶ 30500kg＝□t
❷ 10g＝□mg
❸ 4kg8g＝□g
❹ 3kg800g＋1kg400g＝□kg□g
❺ 7kg－230g＝□kg□g
❻ 5kg－1800g＝□kg□g
❼ 10g－700mg＝□g
第1章　計算問題　45
5　各項目の解き方のポイントを解説します。解き方がわからないときは、ここを声に出して読ませるようにしましょう
6　各項目の解き方のポイントです。ヒントやアドバイスをキャラクターが吹き出しで教えてくれます
7　それまでの内容をふまえた練習問題です。わからないところが出てきたら、「かいせつ」を読み直しましょう。この解答と解説は「別冊」にあります
8　取り組んだ月日を書き込むようにしましょう

中学受験

入塾テストで上位クラスに入る スタートダッシュ〔算数〕

もくじ

第1章 計算問題

第2章 一行問題

第3章 応用問題

第4章 問題集・模擬テスト

カバー・本文イラスト▶カヤヒロヤ
制作協力▶名門指導会 算数科　髙野健一・中野貴子／加藤 彩／根本英絵（友人社）
本文デザイン・DTP▶伊延あづさ・佐藤純（アスラン編集スタジオ）

しんだんテスト

このテストはべつのノートまたは紙を使ってときましょう。

1 次の□に当てはまる数を答えましょう。

(1) 3764＋827＝□

(2) 482×29＝□

(3) 43÷6＝□ あまり □

(4) 8.4－4＝□

(5) 125×23×8＝□

(6) 737－□＝263

(7) 3km400m－1km900m＝□km □m

(8) 4.7L＝□dL

2 次の問いに答えましょう。

(1) 花だんに赤い花と黄色い花がさいています。赤い花は34本で、これは黄色い花よりも7本多いそうです。黄色い花は何本さいていますか。

[　　　] 本

(2) 6このあめが入ったふくろが4つあります。このあめを8人の子どもたちに配るとき、1人何こずつあめをもらうことができますか。

[　　　] こ

(3) 車でA町からB町まで向かうと2時間45分かかります。たろう君が車に乗ってA町からB町に向かったところ、B町に10時20分に着きました。たろう君がA町を出たのは何時何分ですか。

[　　　] 時 [　　　] 分

(4) 千を7こと十を36こ合わせた数を数字で書きましょう。

[　　　]

(5) 下の図のように長方形の中に円が5こならんでいます。円の半けいが4cmのとき、この長方形の長い辺の長さは何cmですか。

[　　　] cm

(6) 48cmのひもを使って長方形を作ります。たての長さが16cmのとき、横の長さは何cmですか。

[　　　] cm

解答

1 (1) 4591　(2) 13978　(3) 7（あまり）1
(4) 4.4　(5) 23000　(6) 474
(7) 1（km）500（m）　(8) 47

2 (1) 27本　(2) 3こ　(3) 7時35分
(4) 7360　(5) 40cm　(6) 8cm

配点　**1** 各5点×8＝40点　**2** 各10点×6＝60点

しんだんテストの使い方

1

40点のとき

小3までの計算は大丈夫です。でも入塾テストは小3までの内容だけから出題されるわけではありません。小3の発展内容と小3の内容を超える計算練習（28～47ページ）を中心に学習したあとで、126～131ページの計算問題もやっておきましょう。入塾テストでは、計算問題の全問正解を目標にすることをお子さんに伝えてください。

25点から35点のとき

小学校3年生までの計算で練習不足の単元があるようです。まず、間違えたのと同じ種類の問題を本書から探して練習してみましょう。その後122～125ページまでを2回以上繰り返し解いてみてください。それが終わって余裕があれば、28～47ページの発展的な内容に挑戦してみます。その際には、「がんばったから、この難しい内容に挑戦できるようになったね」と、それまでの努力をねぎらってあげてください。

20点以下のとき

小学校のテストでいい点数をとれているのに、この問題では20点以下になってしまっているお子さんも多いと思います。その原因はふたつ考えられます。ひとつ目は、学習したときにはわかっていたのに、その後いろいろな学習をしているうちにやり方を忘れてしまっていること。もうひとつは、普段からやり方が雑で、正解を出すことよりも早く終わらせることが目的になってしまっていることです。

本書の16～31ページ、34～37ページをていねいに解いて、その後122～126ページ、128ページを繰り返しやってみてください。その際、計算をていねいにするようアドバイスしましょう。

2

50点以上のとき

文章題を解く力はじゅうぶんに身についています。間違えた問題に該当するページを復習し、132～139ページの文章題を解いた後は、第3章の応用問題にじっくり取り組んでください。また、140ページ以降の補充問題にも挑戦してみましょう。この応用問題で「ああでもない、こうでもない」と試行錯誤した経験が、入塾後の上位クラス維持に役立つことになります。

40点以下のとき

入塾までに、このような文章題を確実に解けるようにしておきましょう。入塾テストにもたくさん出題されますし、入塾後は文章や図形の意味を知り、問われていることを理解する力が大切になります。50～81ページをじっくり学習してください。その後、132～139ページにも挑戦させましょう。問題文を音読することから始めると非常に効果的です。また、「かいせつ」をしっかり読むようにアドバイスしてください。問題文を理解する学力がちゃんとあるのに、「難しそう」と思い込んだり、「面倒くさい」と感じたりすることが多いのです。早く解くことを要求せず、じっくり音読することでわかることがどんどん増えてきます。応用問題は84～101ページを中心に学習すると効果的です。ここでも音読が大切になります。

※入塾テストの2週間前には、146～159ページの模擬テストを解かせてみてください。40分間集中する練習です。そして、入塾テスト数日前になったら、もう1本の模擬テストをダウンロードしてやってみます。小学校のテストより格段に量が多く難しい入塾テストにひるむことなく、自信を持って立ち向かえるようにするためです。

第1章

計算問題

この章では、正確でスピーディーな計算力や暗算力を身につけます。取り組む際には、親御さんは次のことに注意してお子さんの勉強を見てあげてください。

◉「1 たし算・ひき算」～「4 小数と分数」で、単純に計算させればいいのは暗算まで。筆算からは、**どのように書くか**が非常に大切になります。**「筆算のタテ・ヨコがずれずに書けているか」「読みやすい字で書いているか」**という点に注意してください。

特に計算間違いが多い子は、姿勢やえんぴつの持ち方に原因があることがあります。読みやすい字を書くことで、書き間違いなどによるミスを減らすことができます。

◉「5 計算のきまり」「6 □を求める計算」は、正しい順序で計算できているかを見てあげてください。もしよくわかっていないようであれば、親御さんが説明するよりも**解説を声に出して読ませる**と効果があります。その際には、イラストの吹き出しの言葉も忘れずに音読させてください。子どもが楽しみながら、最後まで解説を読み通すことができます。

◉「7 いろいろな単位」は、子どもに単位同士の関係（1㎞＝1000m、1m＝100㎝など）を意識して覚えさせたうえで、「れんしゅう」に取り組ませるようにしましょう。算数の学力をつけるには、**「問題を解くために必要な知識」がパッと出てくることが大切**です。単位換算は、そのような算数の知識の第一歩。「かいせつ」が目に入る場所にあれば解ける子も、いざ問題を前にすると、単位換算を覚えきれていないため解けないことがあります。単位換算の知識がしっかり身についているかどうかを確認してから、練習問題に入るようにしましょう。

やった日　　月　　日

くふうして暗算しよう

やってみよう

47＋38＝□　　116－49＝□

30と8に分けて
じゅん番にたすよ！

47＋30＝77
77＋8＝85

40と9に分けて
じゅん番にひくよ！

116－40＝76
76－9＝67

れんしゅう1

次の計算を暗算でしましょう。

❶ 64＋25＝

❷ 38＋43＝

❸ 74＋56＝

❹ 76－22＝

❺ 80－48＝

❻ 123－45＝

やった日　　月　　日

たてと横をそろえて筆算しよう

4826＋683＝□　　6503－2375＝□

上下のけたのいちをそろえて書くとミスがぐっとへるよ！

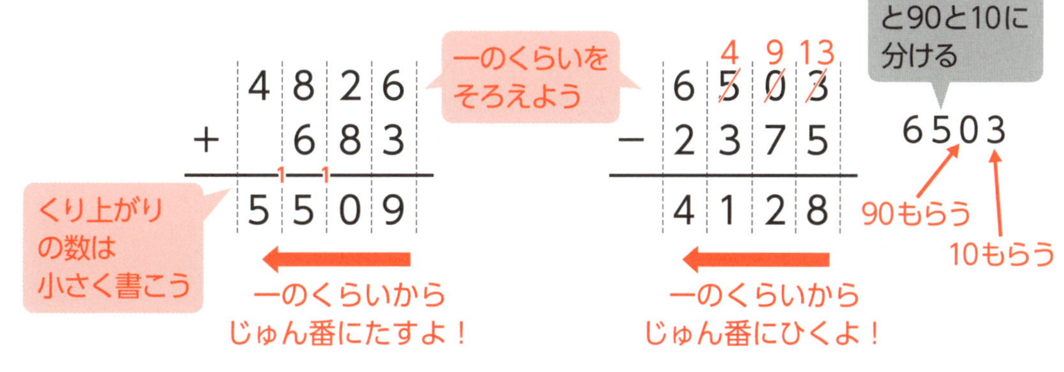

れんしゅう2　次の計算を筆算でしましょう。

❶ 2864＋582＝

```
   2864
 +  582
 ------
```

❷ 6347－86＝

❸ 4275＋3831＝

❹ 8631－2715＝

やった日　　月　　日

十のくらいと一のくらいを分けて暗算しよう

やってみよう

$20 \times 3 = $ □

10倍　2 × 3 = 6　答えも
　　20 × 3 = 60　10倍

$24 \times 3 = $ □

20 | 20 | 20
4 | 4 | 4

20と4に
分けて3を
かけるよ！

$20 \times 3 = 60$

$4 \times 3 = 12$

$60 + 12 = 72$

れんしゅう1

次の計算を暗算でしましょう。

❶ $40 \times 6 =$

❷ $50 \times 8 =$

❸ $300 \times 4 =$

❹ $43 \times 2 =$

❺ $28 \times 3 =$

❻ $37 \times 6 =$

やった日　　月　　日

たてと横をそろえてくり上がりをわすれず筆算しよう

やってみよう

276×6＝□　　486×27＝□

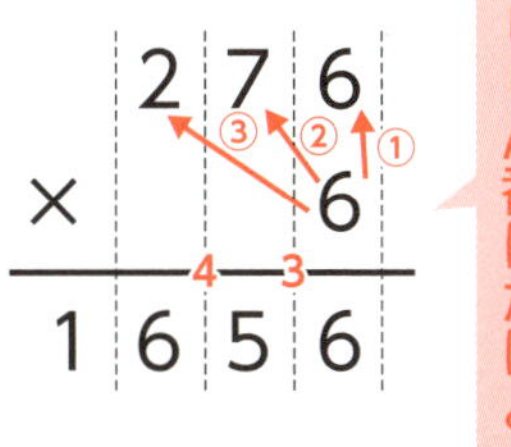

一のくらいからじゅん番にかけよう

くり上げた数は小さく書こう

	4	8	6
×		2	7
3	4	0	2
9	7	2	
1 3	1	2	2

① 486×7を計算する
② 486×2を計算する
③ 答えをたす

あけておくこと!!
②の答えは
十のくらいから書きます

れんしゅう2

次の計算を筆算でしましょう。

❶ 357×4＝

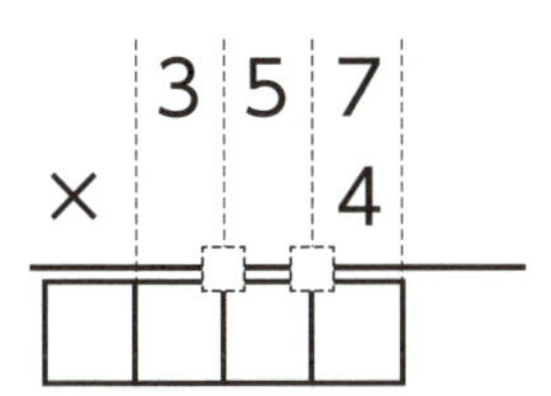

❷ 708×3＝

❸ 329×21＝

❹ 806×38＝

「わる」って分けることだよ

やってみよう

❶ 60÷20＝□

❷ 70÷20＝□

かいせつ

わり算のわる数とわられる数の両方に、同じ数をかけたりわったりしたときは、元の式と同じ答えになるよ！

❶ 60は⑩のたば6つ、20は⑩のたば2つと考えよう！

⑩⑩ ⑩⑩ ⑩⑩

6 ÷ 2 = 3

÷10　÷10

60÷20＝3

答えは同じ

❷ 70は⑩のたば7つ、20は⑩のたば2つと考えよう！

⑩⑩ ⑩⑩ ⑩⑩ あまり ⑩

7 ÷ 2 = 3あまり1

70÷20＝3あまり10

あまったのは⑩のたばが1つだからあまりは1ではなく10になるよ！

消した0を元にもどそう

やった日　　月　　日

れんしゅう1

次(つぎ)の計算を暗算(あんざん)でしましょう。あまりが出る場合はあまりも答えましょう。

❶ 80÷40＝

❷ 90÷40＝

❸ 180÷60＝

❹ 300÷50＝

❺ 2800÷400＝

❻ 3500÷800＝

❼ 5000÷900＝

たての列は かならずそろえるよ

やってみよう

❶ $96 \div 3 =$ □　　❷ $793 \div 6 =$ □

かいせつ

❶ ①9÷3=3　②6をそのままおろす　③6÷3=2

$$\begin{array}{r} 3 \\ 3\overline{)96} \\ 9 \\ \hline \end{array}\qquad \begin{array}{r} 3 \\ 3\overline{)96} \\ 9 \\ \hline 6 \end{array}\qquad \begin{array}{r} 32 \\ 3\overline{)96} \\ 9 \\ \hline 6 \\ 6 \\ \hline 0 \end{array}$$

この3を9の上に書く

3×3の答えを書く

9−9=0 計算がつづくので0は書かないでおこう！

この2を6の上に書く

3×2の答えを書く

6−6=0 さい後なので0を書く

答え　32

❷ ①7÷6=1あまり1　②19÷6=3あまり1　③13÷6=2あまり1

$$\begin{array}{r} 1 \\ 6\overline{)793} \\ 6 \\ \hline 19 \end{array}\qquad \begin{array}{r} 13 \\ 6\overline{)793} \\ 6 \\ \hline 19 \\ 18 \\ \hline 13 \end{array}\qquad \begin{array}{r} 132 \\ 6\overline{)793} \\ 6 \\ \hline 19 \\ 18 \\ \hline 13 \\ 12 \\ \hline 1 \end{array}$$

この1を7の上に書く

6×1の答えを書く

そのままおろす

7−6=1

この3は9の上

6×3

そのままおろす

19−18=1

この2は3の上に書く

6×2の答えを書く

13−12の答えを書く

答え　132あまり1

やった日　　月　　日

れんしゅう2

次(つぎ)の計算を筆算(ひっさん)でしましょう。あまりが出る場合はあまりも答えましょう。

❶ $48 \div 4 =$

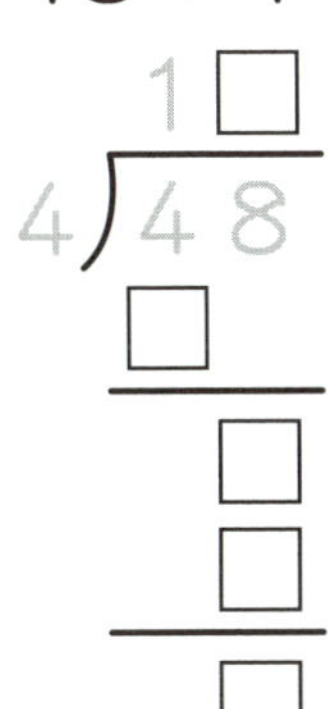

❷ $85 \div 3 =$

❸ $375 \div 3 =$

❹ $657 \div 4 =$

❺ $749 \div 7 =$

❻ $922 \div 4 =$

はじめの数がわれないときは はじめの2けたをわろう

やってみよう

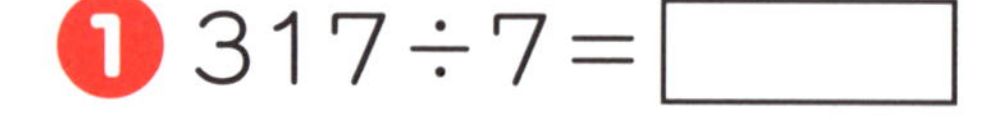

❶ 317÷7＝□　　❷ 2432÷8＝□

かいせつ

❶ ①3÷7ができないので 31÷7＝4あまり3をする

```
   4
7)317
  28
   3
```

この4を3ではなく1の上に書くよ！

②7をおろす

```
   4
7)317
  28
   37
```

③37÷7をする

```
   45
7)317
  28
   37
   35
    2
```

答え　45あまり2

❷ ①2÷8ができないので 24÷8＝3をする

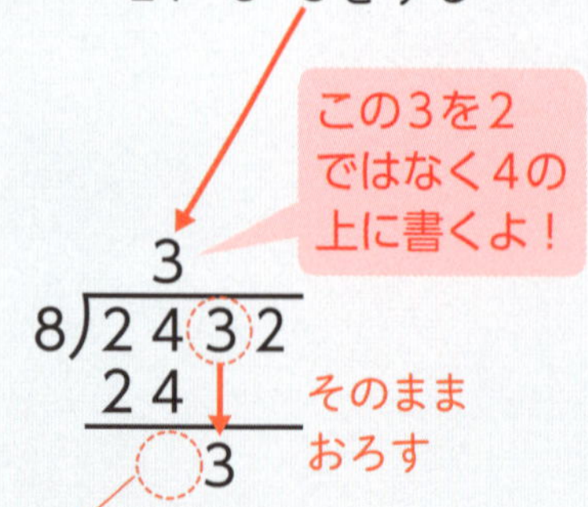

②3÷8ができないので（3÷8＝0あまり3）さらに2をおろす

```
   30
8)2432
  24
   32
```

この0もかならず書こう！

そのままおろす

③32÷8をする

```
   304
8)2432
  24
    32
    32
     0
```

答え　304

やった日　　月　　日

れんしゅう3

次の計算を筆算でしましょう。あまりが出る場合はあまりも答えましょう。

❶ 168÷4＝

❷ 274÷7＝

❸ 545÷9＝

❹ 1729÷7＝

❺ 2832÷5＝

❻ 3533÷7＝

やった日　　月　　日

小数点をたてにしっかりそろえて筆算しよう

やってみよう

$4.6+2.8=$ □

0.1が46こと0.1が28こをたす

$$\begin{array}{r} 4.6 \\ +\ 2.8 \\ \hline 7.4 \end{array}$$

46+28と同じように計算できるよ！

小数点のいちをそろえよう！

$9-3.6=$ □

9を9.0にかえて9.0−3.6と考える

$$\begin{array}{r} \overset{8}{\not{9}}.\overset{10}{\not{0}} \\ -\ 3.6 \\ \hline 5.4 \end{array}$$

90−36と同じように計算できるよ！

小数点をわすれないでね！

れんしゅう1

次の計算をしましょう。

❶ $5.3+3.7=$

❷ $6.8-2.9=$

❸ $7+4.6=$

❹ $12-0.6=$

やった日　　月　　日

分母の数はたしたりひいたりできないよ

やってみよう

$\frac{1}{5}+\frac{2}{5}=\square$　　$1-\frac{2}{7}=\square$

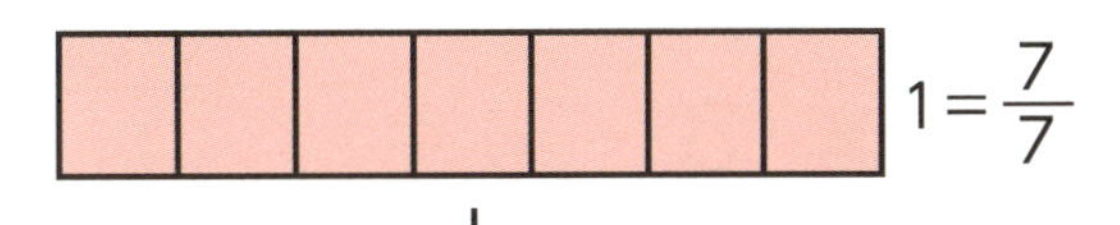

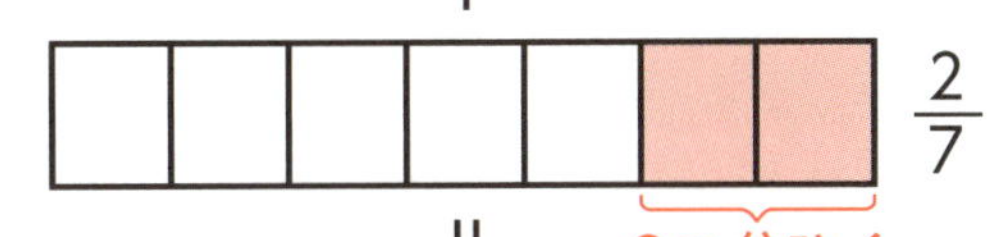

$\frac{1}{5}+\frac{2}{5}=\frac{3}{5}$　　$1-\frac{2}{7}=\frac{7}{7}-\frac{2}{7}=\frac{5}{7}$

れんしゅう2

次の計算をしましょう。

❶ $\frac{3}{7}+\frac{2}{7}=$　　❷ $\frac{1}{9}+\frac{4}{9}=$

❸ $\frac{3}{10}+\frac{7}{10}=$　　❹ $\frac{2}{3}-\frac{1}{3}=$

❺ $1-\frac{3}{5}=$　　❻ $\frac{11}{13}-\frac{8}{13}=$

計算のきまりをおぼえよう

やってみよう

❶ $84-23+37=$ □

❷ $16-6\times2=$ □

❸ $7\times(8-3)=$ □

かいせつ

計算のじゅん番には次の3つのきまりがあるよ！

①ふつう、左からじゅん番に計算します。

❶

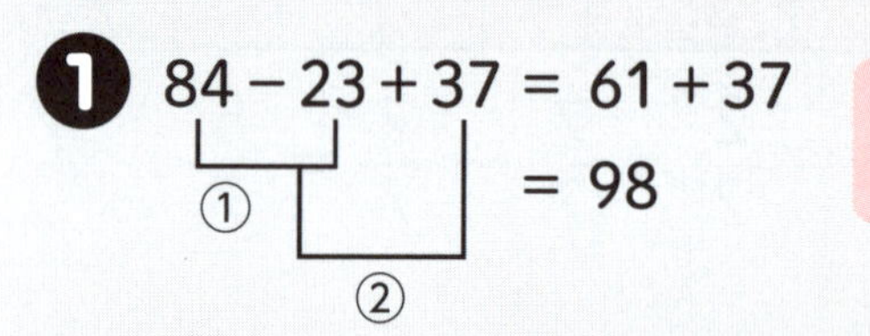

まず①84−23=61をしてから

②61＋37をするんだね！

②×や÷は、＋や−よりも先に計算します。

❷ $16-6\times2=16-12$

$=4$

（①：6×2、②：$16-12$）

−より×が先だから先に①を計算してその後に②なんだね！

③(　　)のある式は(　　)の中を先に計算します。

❸ $7\times(8-3)=7\times5$

$=35$

（①：$8-3$、②：7×5）

×よりも(　　)が先だから先に①をしてから②だよ！

やった日　　月　　日

じゅん番に気をつけて、次の計算をしましょう。

❶ 72－17＋23＝

❷ 120÷5×4＝

❸ 24－4×5＝

❹ 45÷5＋11×3＝

❺ (27－8)×4＝

❻ 54÷(9÷3)＝

じゅん番に気をつけて計算しよう

やってみよう

$(8+4\times7)-6\times3=$ □

まず(　　)の中が先だよ！

かいせつ

えっと…まず(　　)の中が先だから 8+4=12…？

(　　)の中の計算も×と÷は+や−より先にするんだよ

$8+4\times7$

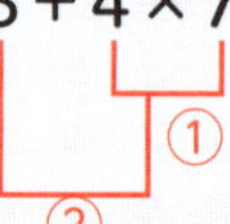

① 4×7=28をしてから
② 8+28=36
(　　)の中は36にかわったよ！

なるほど！

(　　)がはずれた後もきまり通りに計算しよう！

$36-6\times3$

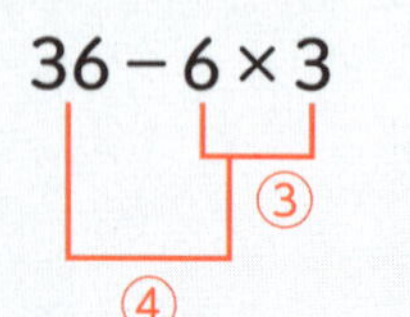

③ 6×3=18
④ 36−18=18

$(8+4\times7)-6\times3=②-③$
$=36-18$
$=18$

①　③ ‖ 18　② ‖ 36　④

できたかな？

やった日　　　月　　　日

れんしゅう2

じゅん番に気をつけて、次の計算をしましょう。

❶ $(54-14\div2)\times3=$

❷ $72\div(4+4)\div3=$

❸ $(26+4\times3)-8\times2=$

❹ $78-18\div3\times(12-6)=$

くふうして計算しよう

やってみよう

❶ $47+89+53=$ □　❷ $25\times7\times4=$ □

❸ $73\times46+27\times46=$ □

❹ $83\times63-53\times83=$ □

たし算だけ、かけ算だけの式は、計算のじゅん番をかえても答えは同じ。

❶ $47+89+53=\mathbf{47+53}+89$
$=\mathbf{100}+89$
$=189$

❷ $25\times7\times4=\mathbf{25\times4}\times7$
$=\mathbf{100}\times7$
$=700$

○×□＋△×□＝(○＋△)×□
○×□－△×□＝(○－△)×□ がなり立つよ

同じ数をかけているときは（　　　）にまとめられるんだね！

53×83と83×53は同じだね！

❸ $73\times46+27\times46$
$=(73+27)\times\mathbf{46}$
$=100\times46$
$=4600$

❹ $83\times63-53\times83$
$=83\times63-83\times53$
$=\mathbf{83\times}(63-53)$
$=83\times10$
$=830$

やった日　　　月　　　日

くふうして次(つぎ)の計算をしましょう。

❶ $384+572+616=$

❷ $47\times4\times25=$

❸ $58\times46+58\times54=$

❹ $238\times77-138\times77=$

❺ $84\times73-39\times73+55\times73=$

３つでも同じように
まとめられるよ！

たせばいいのかな？ひけばいいのかな？

やってみよう

❶ 73＋□＝118

❷ □－62＝82

❸ 127－□＝73

かいせつ

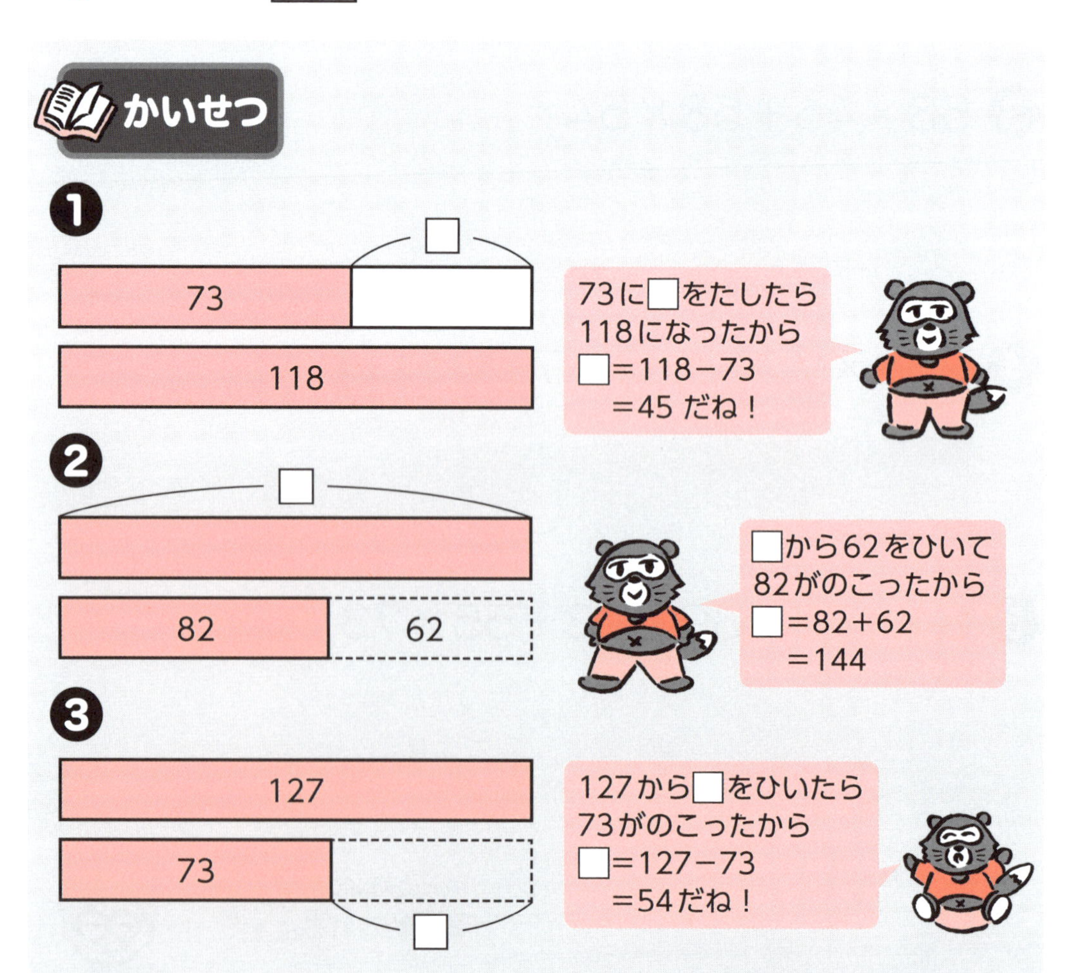

やった日　　月　　日

次の□に当てはまる数を答えましょう。

❶ □＋56＝92

❷ 83＋□＝122

❸ □－79＝58

❹ 84－□＝16

❺ 382＋□＝571

❻ □－436＝636

❼ 872－□＝272

かければいいのかな？ わればいいのかな？

やってみよう

❶ 8×□＝48　❷ □÷6＝24

❸ 200÷□＝10

かいせつ

❶

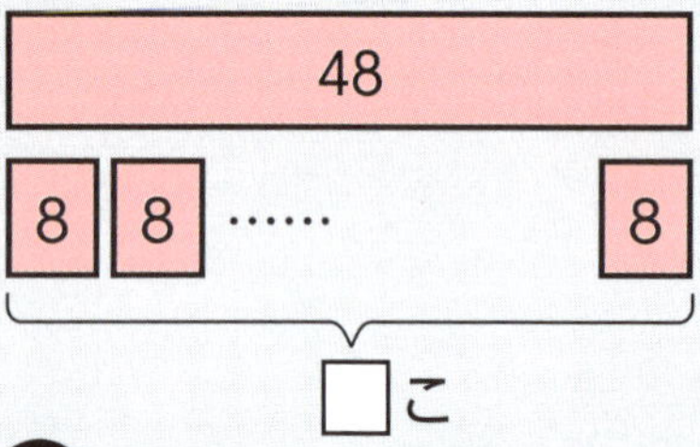

48

8　8　……　8

□こ

8が□こ集まったら
48になったから
□＝48÷8＝6

8×6＝48のとき
8＝48÷6
6＝48÷8
がなり立つよ！

❷

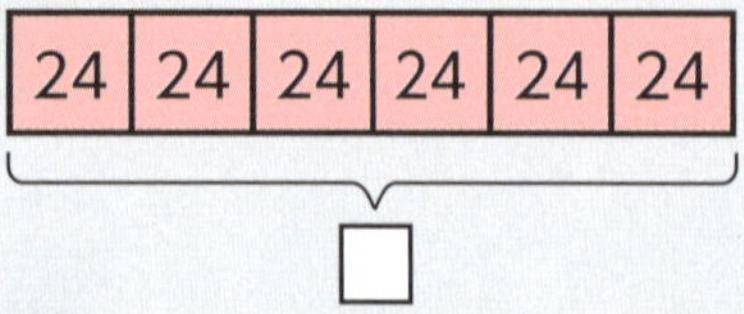

24　24　24　24　24　24

□

□を6こに分けたら
1つが24になったから
□＝24×6＝144

6÷2＝3のとき
3×2＝6
6÷3＝2
がなり立つよ！

❸

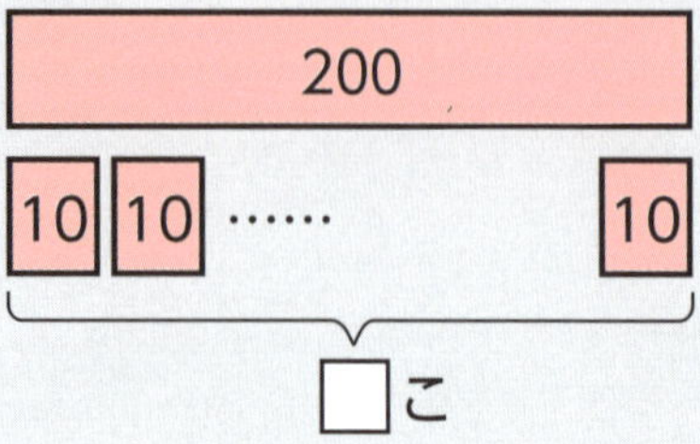

200

10　10　……　10

□こ

200を□こに分けたら
1つが10になったから
□＝200÷10＝20

やった日　　月　　日

次の□に当てはまる数を答えましょう。

❶ $\square \times 9 = 36$

❷ $8 \times \square = 80$

❸ $\square \div 8 = 4$

❹ $72 \div \square = 6$

❺ $60 \times \square = 1800$

❻ $800 \div \square = 40$

❼ $\square \div 80 = 400$

計算のじゅん番を書いてみよう

やってみよう

❶ 74－□＋17＝44

❷ 72－□÷4＝15

かいせつ

どのじゅん番で計算したのか考えよう！
そしてさい後にやった計算からもどっていこう！

❶ 74－□＋17＝44

（74－□ が①、①の答え＋17 が②）

①の答え＋17＝44 だから
①の答え＝44－17
＝27
74－□＝27 だから
□＝74－27
＝47

ひき算とたし算だから
前からじゅん番に計算
したはずだね！

❷ 72－□÷4＝15

（□÷4 が①、72－①の答え が②）

72－①の答え＝15 だから
①の答え＝72－15
＝57
□÷4＝57 だから
□＝57×4
＝228

÷が－より先だから
①のわり算をしてから
②のひき算をしたはず
だね！

できたかな？

やった日　　月　　日

次(つぎ)の□に当てはまる数を答えましょう。

❶ $97-\square-36=47$

❷ $24\div\square\times2=4$

❸ $57+\square\times3=180$

❹ $(83-\square)\div6=12$

❺ $(174-24\div\square)-17\times4=100$

「1m＝100cm」「1km＝1000m」をおぼえよう

やってみよう

❶ 3.2km＝□m

❷ 7m60cm－2m90cm＝□m□cm

かいせつ

1km＝1000m　校庭を思い出そう

1m＝100cm　身長を思い出そう

1cm＝10mm　じょうぎを思い出そう

❶ 一のくらい

3.2 km
↓
3200 m

千のくらい

1km＝1000mなので
km➡mになおすときは
1000倍にします。

$3.2 \times 1000 = 3200$

答え　3200m

❷

一のくらい　一のくらい　百のくらい

7 m 60 cm － 2 m 90 cm ＝ 470 cm

↓

760 cm － 290 cm ＝ 4 m 70 cm

百のくらい　百のくらい　一のくらい

答え　4m70cm

やった日　　月　　日

次の□に当てはまる数を答えましょう。

❶ 4km700m＝□m

❷ 805mm＝□cm□mm

❸ 7.2cm＝□mm

❹ 6200m＝□km

❺ 5cm8mm＋2cm6mm＝□cm□mm

❻ 8m30cm－1m70cm＝□m□cm

❼ 5km－90m＝□km□m

「1L＝10dL」「1dL＝0.1L」をおぼえよう

やってみよう

❶ 4L7dL＝□L

❷ 3L4dL＋1L7dL＝□L□dL

かいせつ

1kL＝1000L
1L＝10dL
＝1000mL（1dL＝100mL）

牛にゅうパックを思い出そう

k(キロ)は1000倍という意味だよ。1kLは1Lの1000倍ということ

1dLは1Lを10こに分けた1つ分なので
1dL＝0.1Lです。
7dLは1dLが7つ分なので0.7L
4L7dL＝4.7L

答え　4.7L

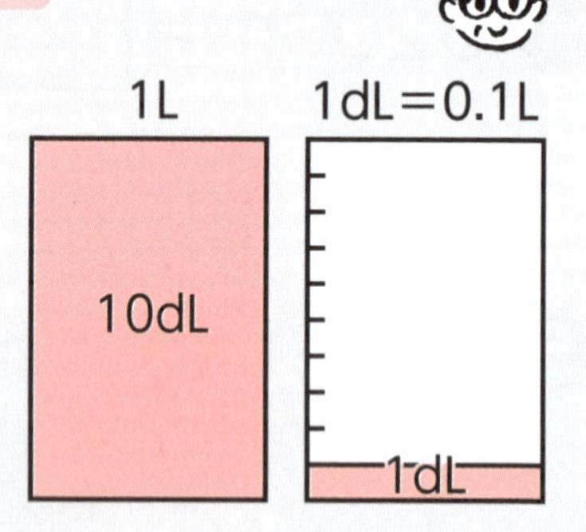

❷ 1dL＝0.1Lなので

3L 4dL ＋ 1L 7dL ＝ 5L 1dL

3.4L ＋ 1.7L ＝ 5.1L

0.1L＝1dL

（べっかい）1L＝10dLなので
3L＝30dL

＝ 5L 1dL

34dL ＋ 17dL ＝ 51dL

答え　5L1dL

やった日　　月　　日

次の□に当てはまる数を答えましょう。

❶ 40000L＝□kL

❷ 5.8L＝□dL

❸ 300mL＝□dL

❹ 2L3dL＋1L5dL＝□L□dL

❺ 4L6dL－1L7dL＝□L□dL

❻ 10L－3L7dL＝□L□dL

❼ 4L2dL－900mL＝□mL

「1kg＝1000g」「1t＝1000kg」をおぼえよう

やってみよう

❶ 2.4t＝□kg

❷ 5kg－700g＝□kg□g

かいせつ

1t＝1000kg　トラックを思い出そう

1kg＝1000g　お米を思い出そう

1g＝1000mg　薬を思い出そう

❶

一のくらい

2.4t
↓
2400kg

千のくらい

答え　2400kg

❷

一のくらい

5kg － 700g ＝ 4kg 300g
↓　　　　　　　↑
5000g － 700g ＝ 4300g

千のくらい

答え　4kg300g

やった日　　月　　日

れんしゅう3

次の□に当てはまる数を答えましょう。

❶ 30500kg＝□t

❷ 10g＝□mg

❸ 4kg8g＝□g

❹ 3kg800g＋1kg400g＝□kg□g

❺ 7kg－230g＝□kg□g

❻ 5kg－1800g＝□kg□g

❼ 10g－700mg＝□g

「1分＝60秒」「1時間＝60分」をおぼえよう

❶ 400秒＝□分□秒

❷ 5時間57分＋2時間48分＝□時間□分

時間の計算では60（または24）でくり上がる

1日＝24時間　　1時間＝60分　　1分＝60秒

❶

60秒集まると
1分になるよ！
400秒の中に60秒は
いくつ入るかな？

400÷60＝6あまり40
60秒が6つだから6分で
あまりの40は40秒
答えは6分40秒！

答え　6分40秒

❷ 筆算で計算してみよう！

```
   5: 57
 + 2: 48
 --------
   7:105
     ↓
   8: 45
```

60分で1時間に
くり上がるよ！

57分＋48分＝105分
105分＝60分＋45分
＝1時間45分
くり上がるよ！

答え　8時間45分

やった日　　月　　日

れんしゅう４

次の□に当てはまる数を答えましょう。

❶ ３時間１５分＝□分

❷ ３４０秒＝□分□秒

❸ ２日６時間＝□時間

❹ ７分３０秒＋２分５０秒＝□分□秒

❺ ３時間２０分－１時間５０分＝□時間□分

❻ １０分－１６０秒＝□分□秒

❼ １日－１３時間２０分４５秒＝□時間□分□秒

第2章

一行問題

◉「1 たし算・ひき算の文章題」〜「3 いろいろな文章題」では、さまざまな文章題に取り組みます。文章題が解けない原因のほとんどは、**子どもが文章題の意味を理解できていない**ことにあります。文章題を読み解くためのテクニックとして、線分図などを用いた読み解き方を学びます。

◉「4 大きな数」では、十進法のそれぞれの位の言い方を覚えます。漢数字を算用数字に書き換えるだけの問題ですが、これをすることで十進数の感覚を身につけることができます。ここで十進法の感覚を身につけておかないと、ゆくゆくは「N進法」などの意味が理解できずに伸び悩むようになります。**2度、3度とくり返し解かせるのが効果的**な単元です。

◉「5 きまりを見つける」では、子どもは感覚的に「きまり」を見つけようとして間違えることがあります。もし子どもがつまずいているようなら、「この○●は4つずつくり返されているね」など、**親御さんが「きまり」を言葉にしてあげると効果的**です。解説を子どもに音読させるか親御さんが読んであげることで、「きまり」をしっかり判断できるようになります。

◉「6 場合の数」は、数える問題が中心です。ここでは親御さんが中学や高校で習った「和の法則」などを使った計算で解かせるのは絶対にNGです。
「二重に数えていないかな」「数え残しはないかな」などと声をかけ、子ども自身が注意して重複や見落としをなくすように工夫させましょう。

◉「7 図形のせいしつ」は、**「球の直径＝円の直径」**という知識を持っているか調べる問題です。まだ知識がない子どもにとっては難問です。

◉「8 すい理」では、答えを急がせないことが肝心です。「虫食い算」では、正解まで我慢強く問題に取り組めるかが問われます。**子どもが考えているようなら、根気強く見守ってあげましょう。**もし、極端に嫌がるようなら、市販の「ナンバープレース（ナンプレ）」などをやらせてみて、**「数を見つけることが面白い」**と思わせてから挑戦させるのもひとつの手です。

線をひいて、たすのかひくのかを考えよう

あきこさんの持っているお金は684円です。あきこさんの持っているお金はかよこさんの持っているお金よりも227円多いそうです。かよこさんの持っているお金は何円ですか。

問題のいみがわからない…

問題を声に出して読むとわかってくるよ！

注目!!

『あきこさんの持っているお金は
かよこさんの持っているお金 **よりも** 227円 **多い** 』

2人のどちらがお金持ち？

あきこ さん

いくら多く持っているの？

227 円

金がくの大きさを線の長さで表そう！

2人の線を上下にならべよう！

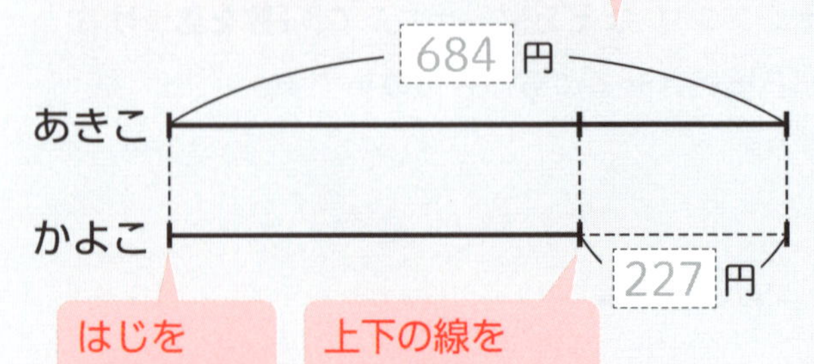

はじをそろえよう

上下の線を点線でつなごう

かよこさんの持っているお金は

684 － 227 ＝ 457 円

答え 457 円

こういう図を線分図というよ！

やった日　　月　　日

れんしゅう1

1 たかし君の持っているお金は734円です。つよし君の持っているお金はたかし君の持っているお金よりも252円多いそうです。つよし君の持っているお金は何円ですか。

答え　　円

2 赤いリボンと青いリボンがあります。赤いリボンの長さは2m70cmで、赤いリボンは青いリボンよりも1m40cm短いそうです。青いリボンの長さは何m何cmですか。

たんいに気をつけて考えよう！

答え　　m　　cm

第2章　一行問題　1　たし算・ひき算の文章題

左をそろえて、3つの線をひいて考えよう

やってみよう

たろう君、じろう君、さぶろう君の3人は山へどんぐりを拾いに行きました。たろう君が拾ったどんぐりのこ数は74こでしたが、これはじろう君が拾ったどんぐりのこ数よりも17こ多かったそうです。またさぶろう君が拾ったどんぐりのこ数はじろう君が拾ったどんぐりのこ数よりも9こ多かったそうです。さぶろう君が拾ったどんぐりは何こでしたか。

かいせつ

わかったことをじゅん番に線分図に整理しよう！

1 たろう君のどんぐりは何こかな？　74 こ

2 たろう君とじろう君のどちらがいくつ多いの？
たろう 君の方が 17 こ多い

3 さぶろう君について何がわかっているのかな？
じろう 君よりも 9 こ 多い

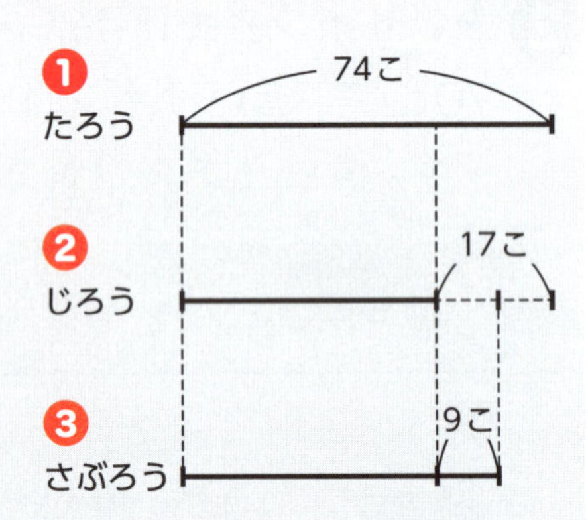

できた！

じろう君のどんぐりは 74 − 17 ＝ 57 こ

さぶろう君のどんぐりは 57 ＋ 9 ＝ 66 こ　　答え 66 こ

やった日　　月　　日

れんしゅう2

1 さとみさんの持っているおはじきのこ数は54こで、これはしおりさんが持っているおはじきのこ数よりも17こ少ないそうです。またすみれさんの持っているおはじきのこ数はしおりさんの持っているおはじきのこ数よりも9こ多いそうです。すみれさんはおはじきを何こ持っていますか。

答え　　　　こ

2 たけし君は国語、算数、理科、社会のテストを受けました。国語の点数は73点でしたが、これは社会の点数よりも8点ひくかったそうです。また算数の点数は理科の点数よりも9点高く、理科の点数は社会の点数よりも14点ひくかったそうです。たけし君の算数のテストの点数は何点でしたか。

4つあっても同じように線分図に整理できるよ！

答え　　　　点

何が何の何倍？

やってみよう

❶ 赤いボールの重さは60gで、白いボールの重さは赤いボールの重さの3倍です。白いボールの重さは何gですか。

❷ 赤いボールの重さは60gで、赤いボールの重さは白いボールの重さの3倍です。白いボールの重さは何gですか。

どちらがどちらの何倍なのか、ていねいに読まないといけないよ。

「…は～の○倍」に注目しよう！

注目！

❶「白いボールの重さ は 赤いボールの重さ の3倍」

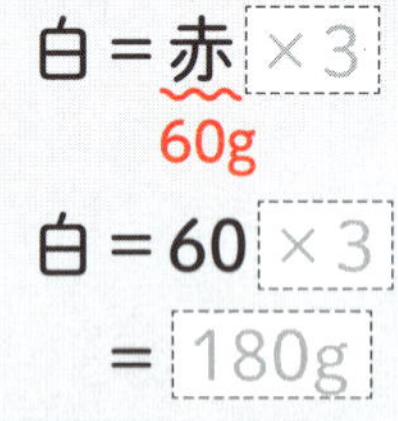

答え　180g

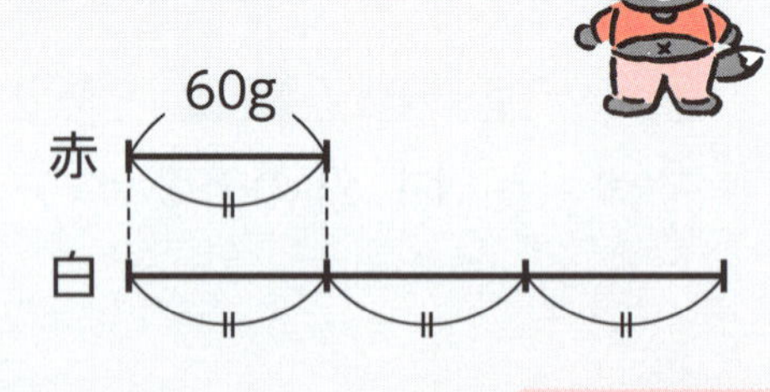

ここだよ！

❷「赤いボールの重さ は 白いボールの重さ の3倍」

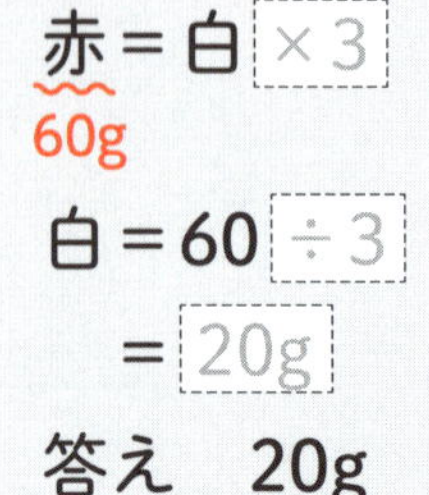

答え　20g

60g
赤
白

やった日　　月　　日

れんしゅう１

1 ひろし君とこうじ君は山へきのこがりに出かけました。ひろし君は48本のきのこを拾いましたが、これはこうじ君が拾ったきのこの本数の３倍だったそうです。こうじ君は何本のきのこを拾いましたか。

答え　　本

2 あやこさん、かよこさん、さゆりさんの３人でおはじきを分けました。あやこさんのもらったおはじきは48こでしたが、これはかよこさんのもらったおはじきの２倍でした。またさゆりさんのもらったおはじきはかよこさんのもらったおはじきの３倍だそうです。さゆりさんはおはじきを何こもらいましたか。

３人でも同じように整理できるよ！

答え　　こ

1人分、1日分はいくつ？あまりはどうする？

やってみよう

1 47本のえんぴつがあります。これを7人の子どもたちに同じ本数ずつ分けることにすると、1人あたり何本のえんぴつをもらうことができますか。

2 156ページの本があります。この本を1日に7ページずつ読むことにすると、本を読み終えるのは読みはじめてから何日目ですか。

かいせつ

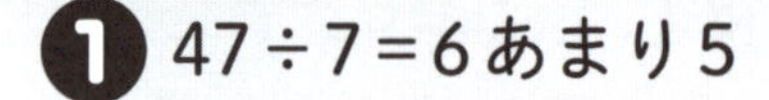

1 47÷7＝6あまり5

あまった5本のえんぴつで7人全員にもう1本ずつ配ることは［できない］ので、もらえるえんぴつは［6］本までです。

答え　6本

2 156÷7＝22あまり2

22日だとさい後の2ページが読めないね！

けつまつがわからないよ

［22］日間は1日に［7］ページずつ読みます。
のこった［2］ページを読むのにあと［1］日ひつようです。
［22］＋［1］＝［23］

答え［23］日目

やった日　　月　　日

わり算のあまりをどうすれば
いいか考えよう！

1 あるおかしを１こ作るにはさとうが７ｇひつようです。さとうが440gあるとき、このおかしを何こ作ることができますか。

答え　　　　　こ

2 東町小学校には528人の子どもがいます。全員を体育館に集め、長いすにすわらせたいと思います。長いす１きゃくに５人まですわらせることができるとすると、長いすは少なくとも何きゃく用意すればよいですか。

答え　　　　　きゃく

たんいをそろえて考えよう

やってみよう

りんご5ことすいか1こをはかりにのせたところ、重さは4kg50gでした。すいか1この重さが3kgのとき、りんご1この重さは何gですか。

かいせつ

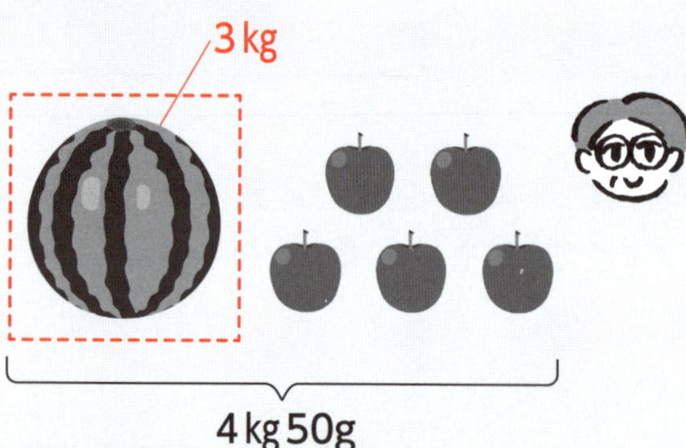

左の図をよく見てりんご5こだけだったら何kg何gになるのか考えよう

りんご5この重さは 4kg50g − 3 kg = 1kg50g

1kg＝1000gなので

1kg50g＝1050g

りんご1この重さは 1050 ÷ 5 = 210g　　答え　210g

テストのときは右のようにすいかを㋜、りんごを㋷のように書いて問題を整理しよう

㋜＋㋷×5＝4kg50g

㋜＝3kg

やった日　　月　　日

れんしゅう１

1 長さ４ｍのリボンがあります。このリボンから６人が同じ長さずつ切り取ったところ、リボンは10cmあまりました。１人何cmずつリボンを切り取りましたか。

答え　　　　cm

2 ジュースが２Ｌ入っているペットボトルが３本あります。たん生日会に集まった18人に250mLずつジュースを配ったとき、のこったジュースは何dLですか。

答え　　　　dL

切る回数と分かれた数は同じかな？

やってみよう

２ｍのリボンを40㎝ずつに切り分けたいと思います。何回切ればよいですか。

かいせつ

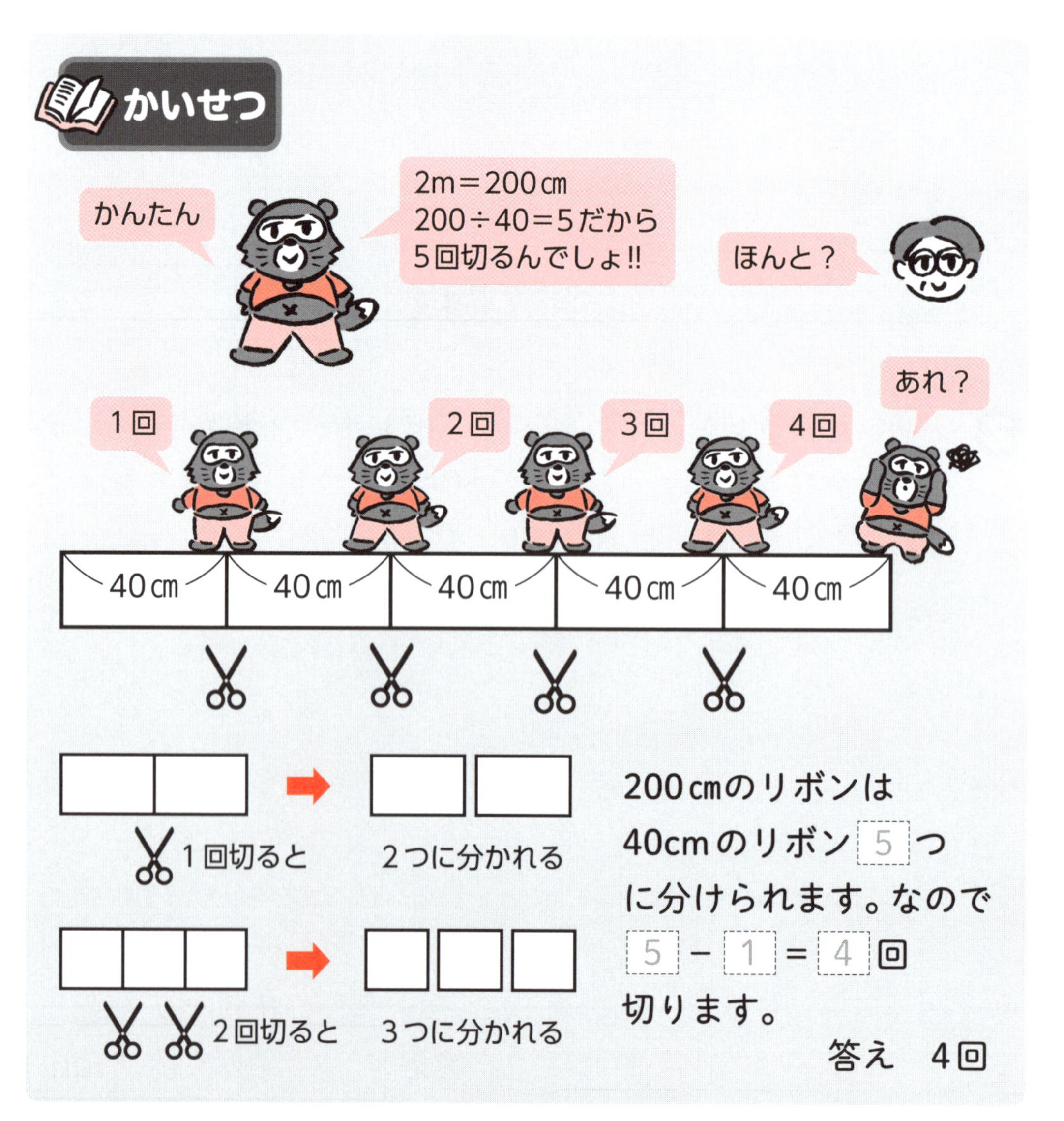

200㎝のリボンは40cmのリボン 5 つに分けられます。なので 5 − 1 ＝ 4 回切ります。

答え　4回

やった日　　月　　日

れんしゅう２

1 ８月７日から毎日12ページずつ本を読むことにしたところ、８月20日にちょうど読み終(お)えることができました。この本は何ページありますか。

８月７日から８月20日までは何日間あるのかな？

答え　　　　ページ

2 エレベーターを使(つか)って１階(かい)から５階(かい)まで上るのに20秒(びょう)かかりました。このエレベーターが同じ速(はや)さで動(うご)くとき、１階(かい)から15階(かい)まで上るのに何秒(びょう)かかりますか。

答え　　　　秒(びょう)

「一十百千万十万…一億…」を上手に使おう

やってみよう

❶ 631802574を漢字で書きましょう。

❷ 七億二十五万三百九を数字で書きましょう。

かいせつ

❶ 一千万が10こ集まると一億になります。一億は一千万が10こ分の数で一千万の10倍の数です。

6	3	1	8	0	2	5	7	4

区切る　区切る

一億のくらい　万

さいごに「万」をつけるよ！

数字を下から4つずつ区切るとわかりやすいよ！

漢字で 六億三千百八十万二千五百七十四 と書きます。

❷

①まず七億の7を書きます

②千万のくらいと百万のくらいには何もないので0を書きます

③千のくらいと十のくらいにも何もないのでわすれずに0を書きましょう！

7	0	0	2	5	0	3	0	9

億　万

やった日　　月　　日

1 次(つぎ)の数を漢字(かん)で書きましょう。

① 407205900300

答え

② 20500007814

答え

2 次(つぎ)の数を数字で書きましょう。

① 二千五十億(おく)九千一万四十

答え

② 八千九億(おく)四千三十六

答え

10こ集めると くらいがひとつ上がるよ

やってみよう

1 十億を3こ、一億を9こ、十万を5こ、一万を8こ、十を2こ合わせた数を数字で書きましょう。

2 千を7こ、百を4こ、十を28こ合わせた数を数字で書きましょう。

かいせつ

0をわすれずに書こう！

1

3	9	0	0	5	8	0	0	2	0
	億				万				

2

10が28こでしょ！

こっちもいいかんじ！

7	4	28	0

7	4	2	8

どちらもダメだよ！

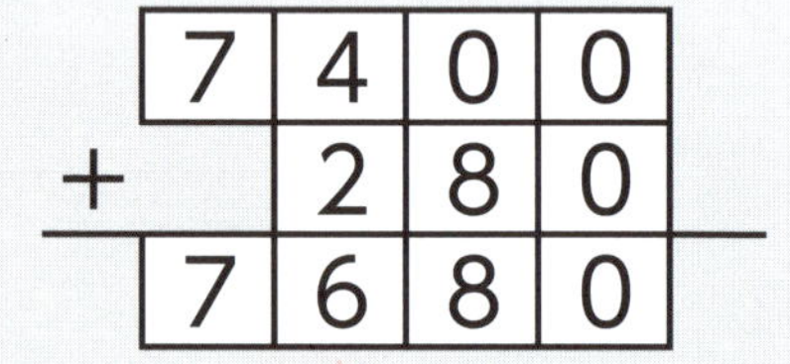

	7	4	0	0
+		2	8	0
	7	6	8	0

注意

10が10こ集まると100に
　　20こ集まると200になります。
28＝20＋8なので
10が28こ集まると
200＋80＝280になります。
7400＋280＝7680です。

答え　7680

やった日　　月　　日

次(つぎ)の数を数字で書きましょう。

❶ 十億(おく)を５こ、百万を３こ、十万を１こ、百を９こ合わせた数

答え

❷ 百億(おく)を１こ、百万を７こ、千を２こ合わせた数

答え

❸ 千を22こ、百を４こ、十を51こ合わせた数

答え

❹ 千を５こ、百を78こ合わせた数

千のくらいから
さらにくり上がるよ

答え

何こでひとつのまとまりになるかな

やってみよう

あるきまりにしたがって、白と黒の玉が次のようにならんでいます。

全部で18この玉をならべたとき、白い玉(○)は何こならんでいますか。

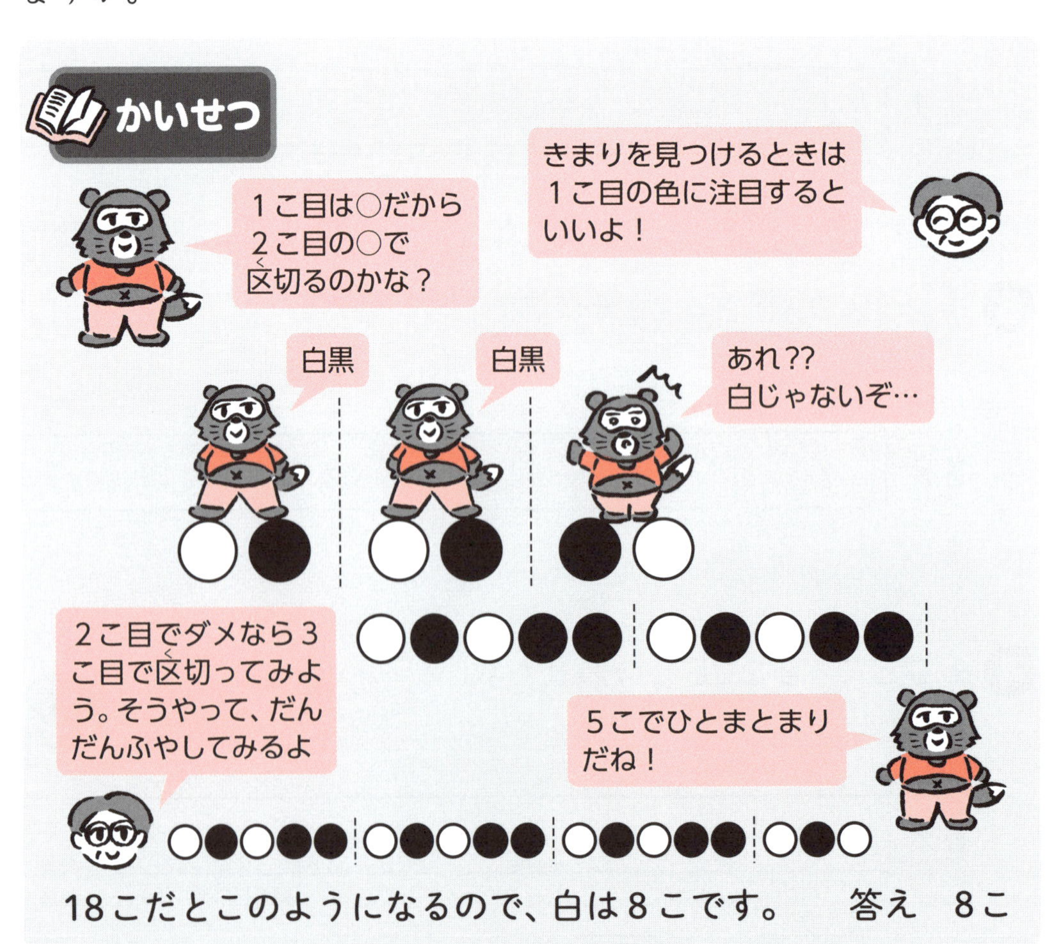

やった日　　月　　日

どこでくり返しているのか考えよう！

❶ あるきまりにしたがって、白と黒の玉が次のようにならんでいます。

●●○●○○●●○●○○●●…

全部で20この玉をならべたとき、黒い玉(●)は何こならんでいますか。

答え　　　　こ

❷ 次のように、あるきまりにしたがって数字がならんでいます。

1、4、3、3、2、1、4、3、3、2、1…

さい後の数字は「4」で、その「4」は左から数えて4番目でした。「3」は全部でいくつならんでいるでしょうか。

答え　　　　こ

数字を書いて、ならべていくとふえ方がわかるよ

あるきまりにしたがって、白い玉を次の図のようにならべました。

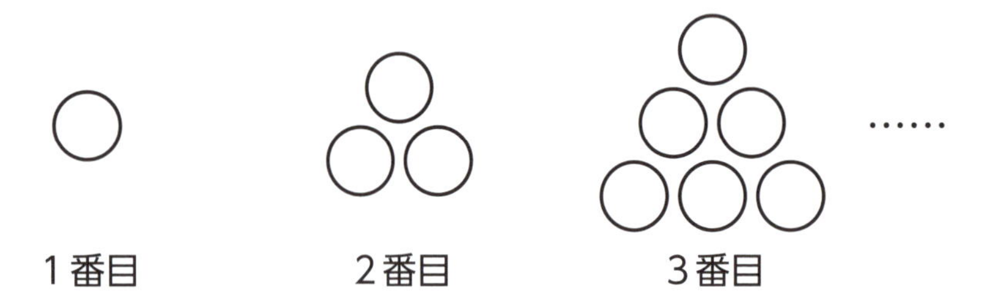

5番目の図形には、白い玉が何こならんでいるでしょうか。

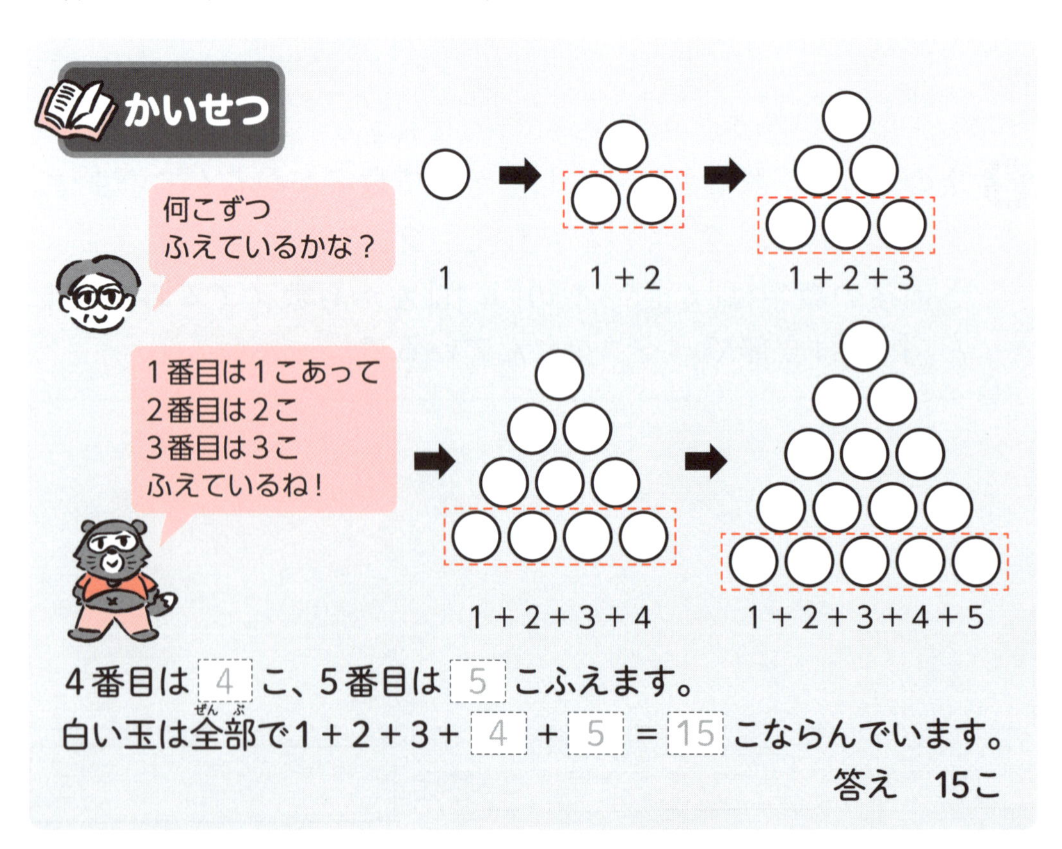

やった日　　月　　日

れんしゅう２

1 あるきまりにしたがって、白い玉を次(つぎ)のようにならべました。

１番目　２番目　３番目　……

６番目の図形には、白い玉が何こならんでいるでしょうか。

答え　　こ

2 あるきまりにしたがって、正方形のおり紙を次(つぎ)のようにならべました。

１番目　２番目　３番目　……

５番目の図形には、正方形のおり紙を何まいならべましたか。

答え　　まい

しゅるいごとに数えよう

下の図の中に正方形は大小合わせて何こありますか。

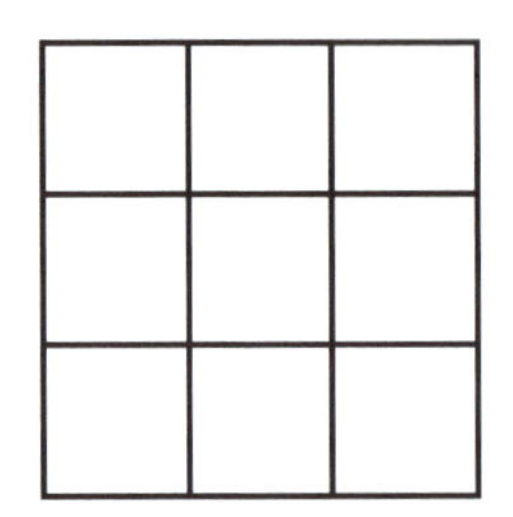

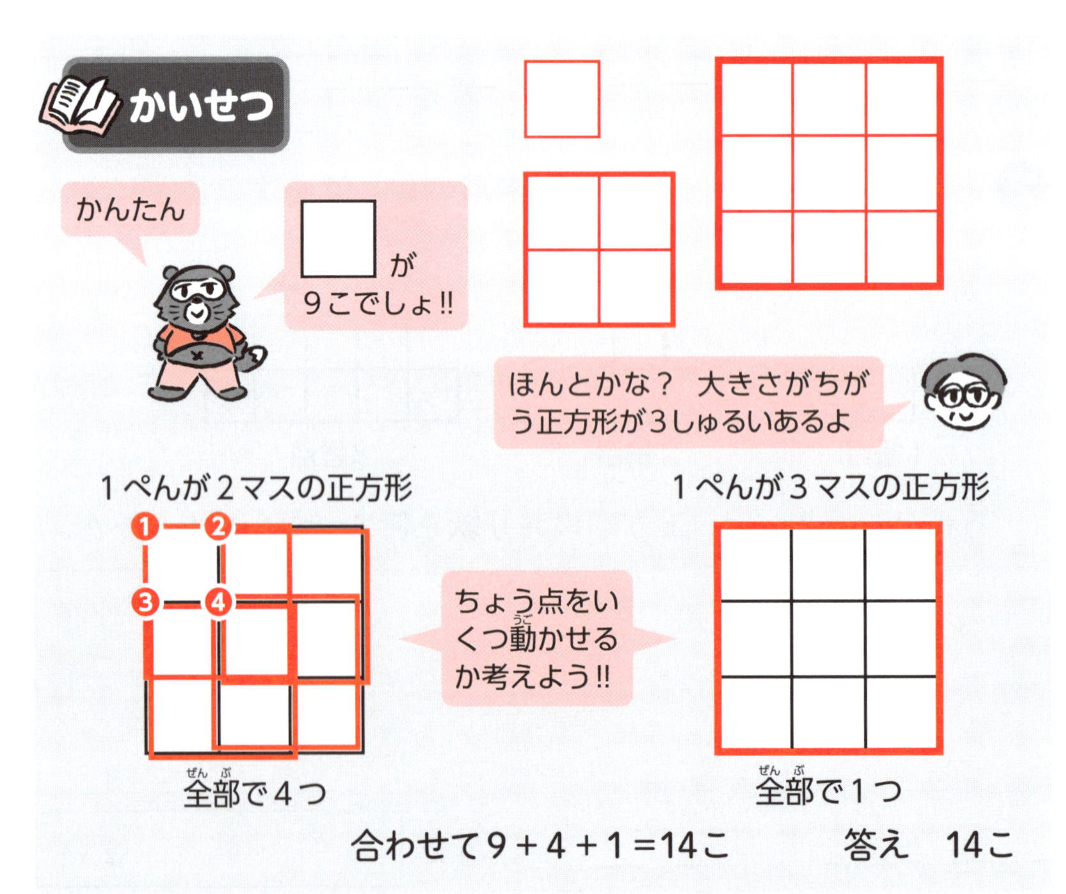

やった日　　　月　　　日

れんしゅう1

1 下の図の中に正方形は大小合わせて何こありますか。

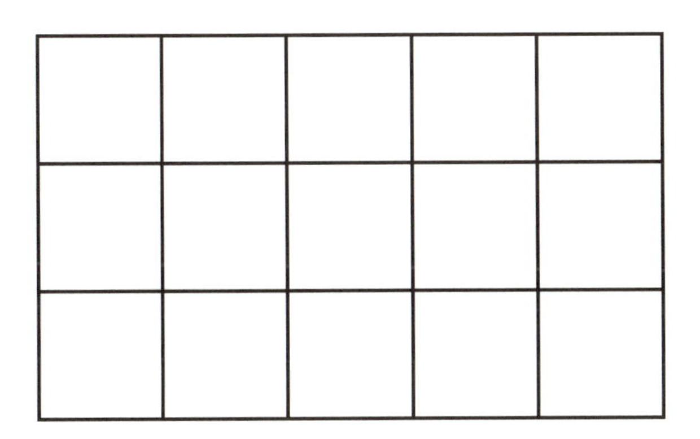

答え　　　　　こ

2 下の図の中に正三角形は大小合わせて何こありますか。

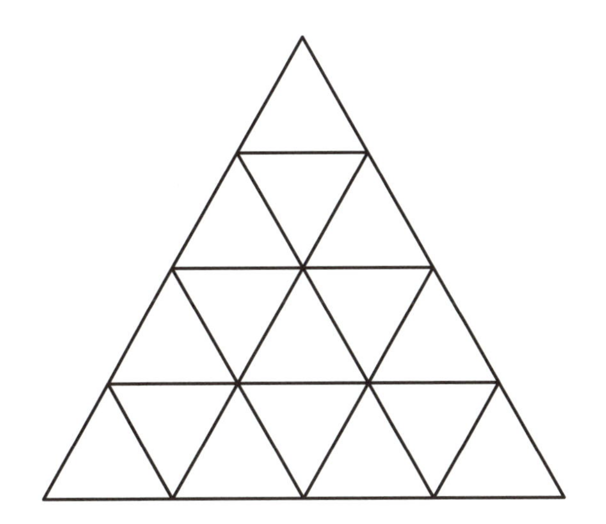

答え　　　　　こ

上のくらいに大きな数を使うと大きい数になるよ

やってみよう

1 2 3 4 5 6 と書かれたカードが1まいずつ、全部で6まいあります。これらのカードを使って3けたの数を2つ作り、計算します。

❶ 2つの数をたした答えがもっとも大きくなるとき、その答えはいくつですか。

❷ 大きい数から小さい数をひいた答えがもっとも大きくなるとき、その答えはいくつですか。

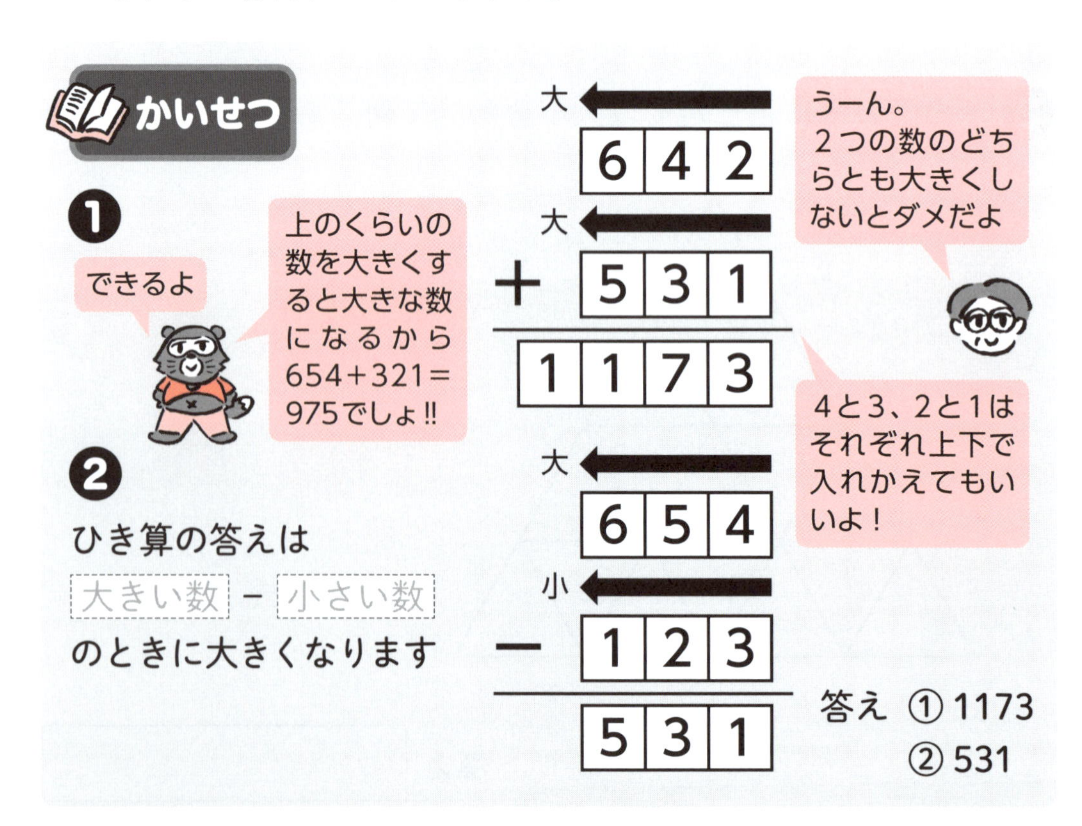

やった日　　月　　日

1 [1] [2] [3] [4] [5] [6] と書かれたカードが1まいずつ、全部で6まいあります。これらのカードを使って3けたの数を2つ作り、計算します。

①2つの数をたした答えがもっとも小さくなるとき、その答えはいくつですか。

②大きい数から小さい数をひいた答えがもっとも小さくなるとき、その答えはいくつですか。

答え　①　　②

2 [1] [2] [3] [4] と書かれたカードが1まいずつ、全部で4まいあります。これらのカードから3まいをえらび、次の式に当てはめて計算をします。

□□×□

この計算の答えがもっとも大きくなるとき、その答えはいくつですか。

答え

円を真ん中で回しても形も場所もかわらないよ

やってみよう

図のように3つの点ア、イ、ウが同じ直線の上にならんでいます。アとウは小さい円の中心、イは大きい円の中心で、大きい円の直けいは12cm、2つの小さい円は同じ大きさです。

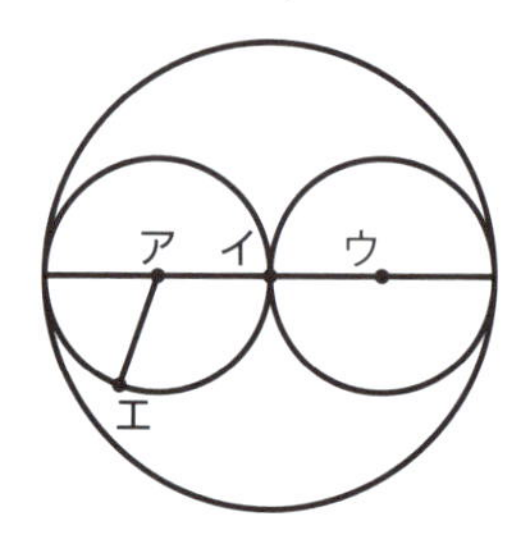

1 アウの長さは何cmですか。

2 アエの長さは何cmですか。

かいせつ

・直けいはかならず円の中心を通ります
・直けいの長さは半けいの長さの2倍

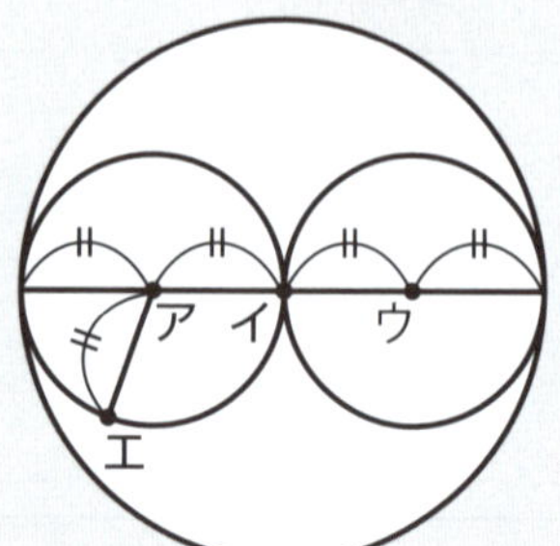

大きい円の直けいは小さい円の半けい［4］つ分なので

小さい円の半けいは

［12］÷［4］＝［3］cm

アウは小さい円の半けい［2］つ分なので

［3］×［2］＝［6］cm

アエは小さい円の［半けい］なので［3］cm

答え　①6cm　②3cm

1 図のように円がならんでおり、これらの円の中心はすべて同じ直線上にあります。また小さい３つの円は同じ大きさで、２番目に大きい円の半けいは８cmです。

①１番目に大きい円の直けいは何cmですか。

②アイの長さは何cmですか。

「直けい」と「半けい」のちがいに注意しよう！

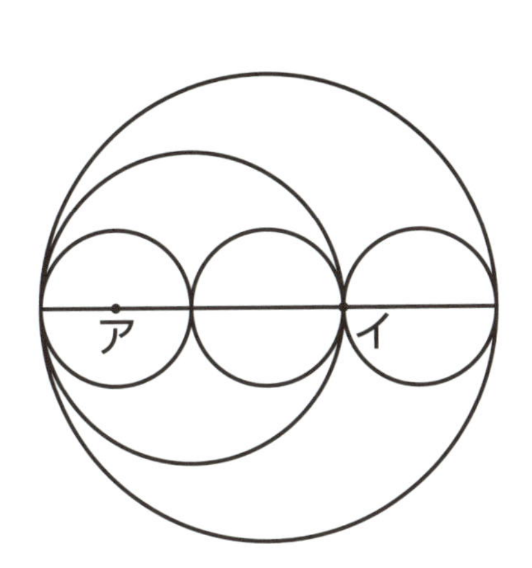

答え　①　　　　cm

②　　　　cm

2 図のように箱の中に同じ大きさの球が入っています。箱のたての長さは18cmです。

①球の半けいは何cmですか。

②箱の横の長さは何cmですか。

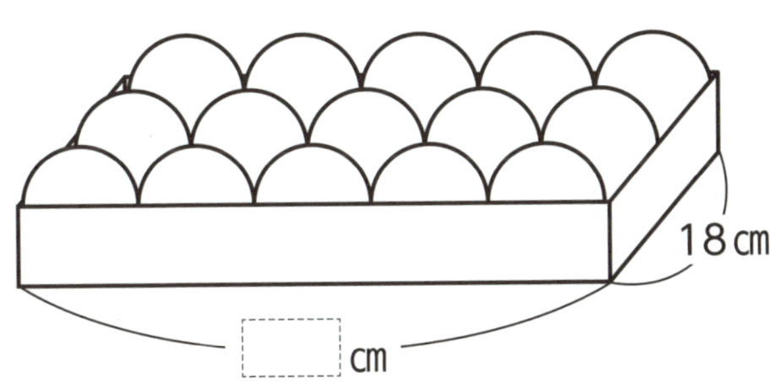

答え　①　　　　cm

②　　　　cm

へこんだ四角形を切ってつないで

次の図形のまわりの長さは何cmですか。しるしのついている角は直角です。

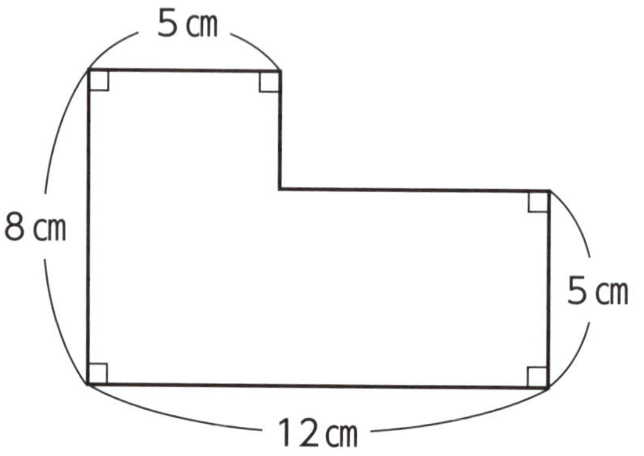

かいせつ

同じ長さのところを見つけると計算しやすいよ！

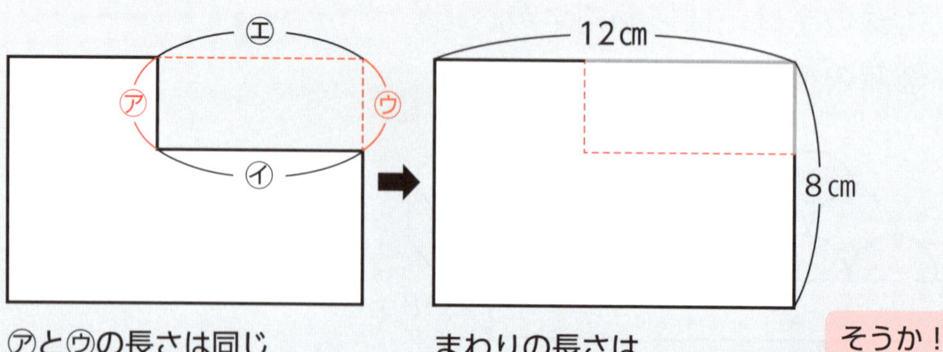

㋐と㋒の長さは同じ
㋑と㋓の長さは同じなので、
㋐を㋒、㋑を㋓に
いどうすると…

まわりの長さは
たて 8 cm 横 12 cmの
長方形と同じになるよ

そうか！

$8 \times 2 + 12 \times 2 = (8 + 12) \times 2 = 20 \times 2 = 40$

答え40cm

やった日　　　月　　　日

れんしゅう２

1 次(つぎ)の図形のまわりの長さは何cmですか。しるしのついている角は直角です。

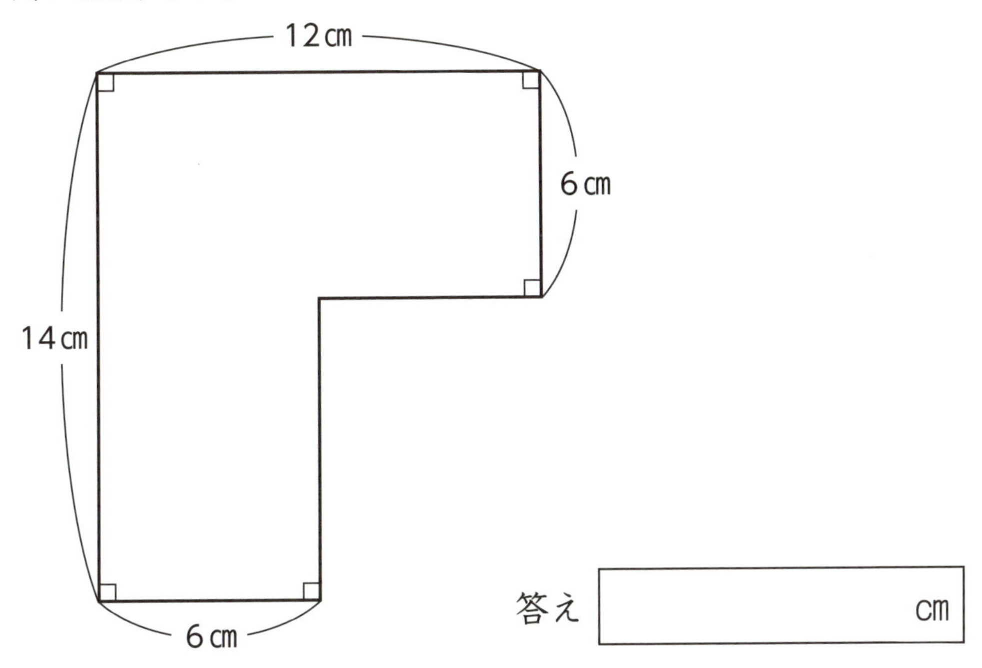

答え　　　　cm

2 次(つぎ)の図形のまわりの長さは何cmですか。しるしのついている角は直角です。

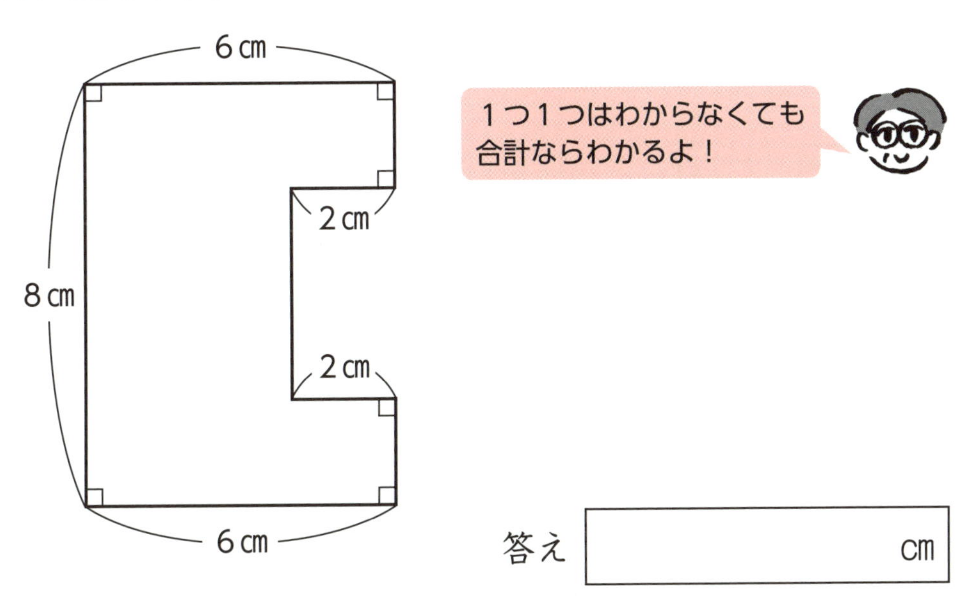

答え　　　　cm

はじめにわかるところはどこ？ 次にどこがわかる？

やってみよう

次の計算の □ に当てはまる数を答えましょう。

```
    4 ア イ
+   ウ 4 3
-----------
  1 3 7 1
```

かいせつ

❶

```
    4 □ イ
+   □ 4 3
-----------
        1
```

イ ＋3の答えは3より大きくなるので
イ ＋3＝1ではなく イ ＋3＝11です。
イ ＝11－3＝8

❷

```
    4 ア 8
+   □ 4 3
-----------
      7 1
```

ア ＋4＋ 1 ＝7
ア ＋5＝7
ア ＝7－5＝2

❸

```
    4 2 8
+   ウ 4 3
-----------
  1 3 7 1
```

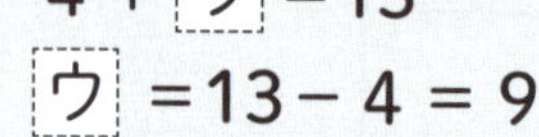

4＋ ウ ＝13
ウ ＝13－4＝9

答え ア ＝2、イ ＝8、ウ ＝9

やった日　　月　　日

次(つぎ)の計算の□に当てはまる数を答えましょう。

❶

```
    3 □ □
+ □ 5 6
---------
1 3 2 3
```

❷

```
  7 □ 3
- 1 4 □
---------
  □ 4 5
```

❸

```
  □ 8 6
×     □
---------
6 □ 8 8
```

1をかけても同じ数。そして使える数は何？

やってみよう

次の式で☆、★、◇、◆は１から４までのどれかの整数を表しています。また同じ記号は同じ整数、ちがう記号はちがう整数を表します。このとき、それぞれの記号が表している数は何ですか。

★×☆＝★
☆＋◇＝★
◇＋◇＝◆

かいせつ

❶ ★ × ☆ ＝ ★

☆をかけても元の数と答えが同じなので☆＝1

❷ ◇ + ◇ = ◆

1 + 1 = 2 か 2 + 2 = 4 です。
1 は☆に使ってしまったので
2 + 2 = 4 です。　◇ = 2　◆ = 4

❸ ☆ + ◇ = ★
1 + 2 = 3

答え
☆ = 1　★ = 3
◇ = 2　◆ = 4

やった日　　月　　日

れんしゅう2

次のそれぞれの式で、同じ記号は同じ整数、ちがう記号はちがう整数を表しています。それぞれの記号が表している数は何ですか。

1 ☆、★、◇、◆、◎は1から5までのどれかです。

◇－★＝◆

★－◆＝◆

◆＋◎＝☆

答え　☆＝　　★＝　　◇＝　　◆＝　　◎＝

2 ○、◎、★、■は1から6までのどれかです。

○×★＝4

★－◎＝○

◎＋■＝9

どの式が数字を決めやすいかな？

答え　○＝　　◎＝　　★＝　　■＝

第3章

応用問題

◉文章量の多い応用問題が多く出る塾（SAPIXなど）で最上位クラスを目指す場合、この**第３章の応用問題はすべて解いてください。**応用問題ができるかできないかは、入塾テストで差がつく大きなポイントになります。

この応用問題の文章を小学３年生でスラスラ読める子どもはあまりいません。でも、どう解けばいいのかというパターンがわかってしまえば、解き方はそれほど難しくないものです。このパターンがわかるかどうかが、問題が解けるかどうかを分けるカギになります。

一方で、このパターンがわからないと、子どもは「どうでもいいや」という状態になってしまうものです。間違いが多いようなら、問題の最初にある**「ルール」を音読させる**と非常に効果があります。

そして子どもが問題を解けたら、「殺し文句」を使ってほめてあげましょう。**「さすがだね！」「ちゃんと読めば、こんなに難しい問題も解けるんだね」**と声をかけて、子どもの自己肯定感をしっかり刺激してあげてください。

◉「6　立体図形」がなかなか解けない場合は、さいころを必要な数だけ用意して、実際に子どもに問題と同じ形に積み上げさせてください。実際にいろいろな方向から目の前にあるさいころを見ることで、「こう積み上げたとき裏側はこうなっている」と身体感覚で理解できるようになります。

◉子どもの勉強を見てあげるとき何よりも大切なのは、**お母さんの笑顔**です。子どもが前向きに勉強に取り組むためにも、**お母さんは楽しさを演出する**ように心がけてください。

また、次のような言葉は、絶対にいってはいけないNGワードです。「なんでこんなものもわからないの！」「いつまでかかっているの！」。このような言葉は**子どものやる気を奪ってしまうので、絶対にいわないようにしてください。**

右ってどっち？左ってどっち？

やってみよう

たろう君はマス目にそって、たてか横にまっすぐ進みつづけます。
たろう君は  のように、お花を見つけると右にまがり、おばけに出あうと左にまがります。

れい

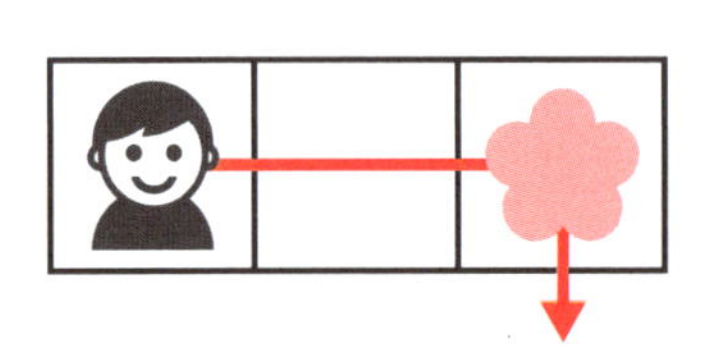

たろう君が次の図のいちからスタートした場合、㋐〜㋔のどこにゴールするか答えましょう。

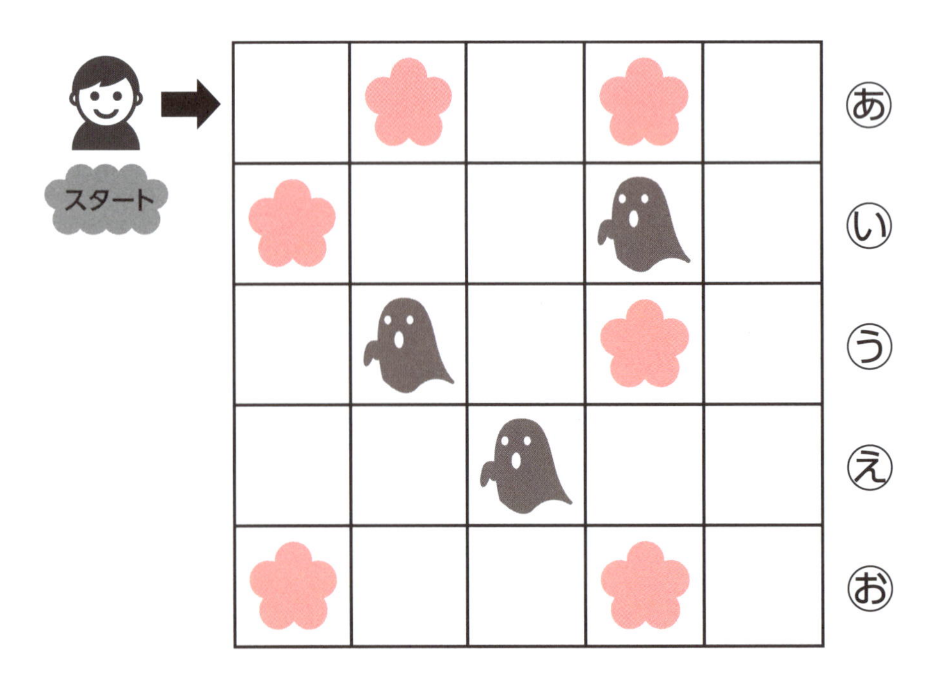

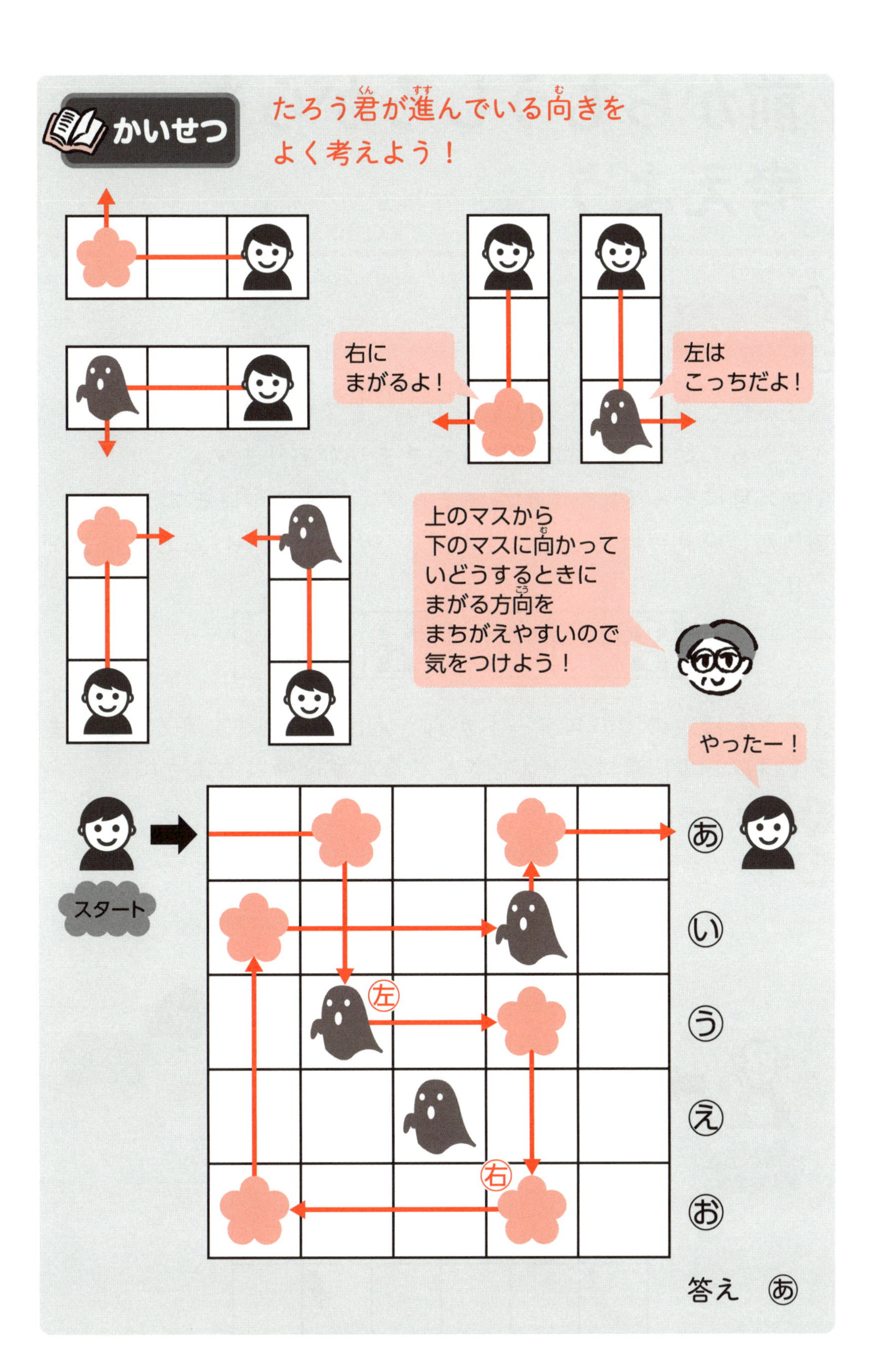
かいせつ
たろう君が進んでいる向きをよく考えよう！
右にまがるよ！
左はこっちだよ！
上のマスから下のマスに向かっていどうするときにまがる方向をまちがえやすいので気をつけよう！
やったー！
スタート
左
右
あ
い
う
え
お
答え　あ

前からもうしろからも考えよう

やってみよう

おさるのさるさるがさんぽをしようとしています。
さるさるの動き方には次のようなきまりがあります。
①マス目にそって、たてか横にまっすぐ進みつづけます。
②りんごを見つけると右にまがり、バナナを見つけると左にまがります。

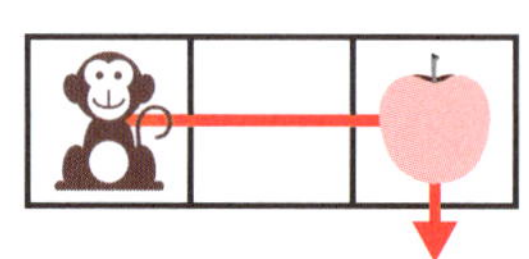
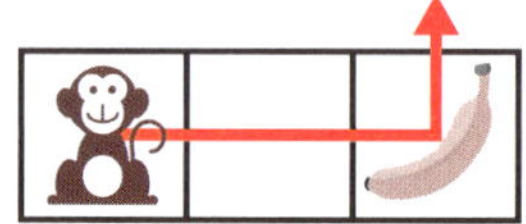

さるさるは次の図のスタートからさんぽを始めましたが、このままではゴールに着けません。さるさるが家に帰れるように

1 マスの中に１つだけりんごを書きましょう。
2 マスの中に１つだけバナナを書きましょう。

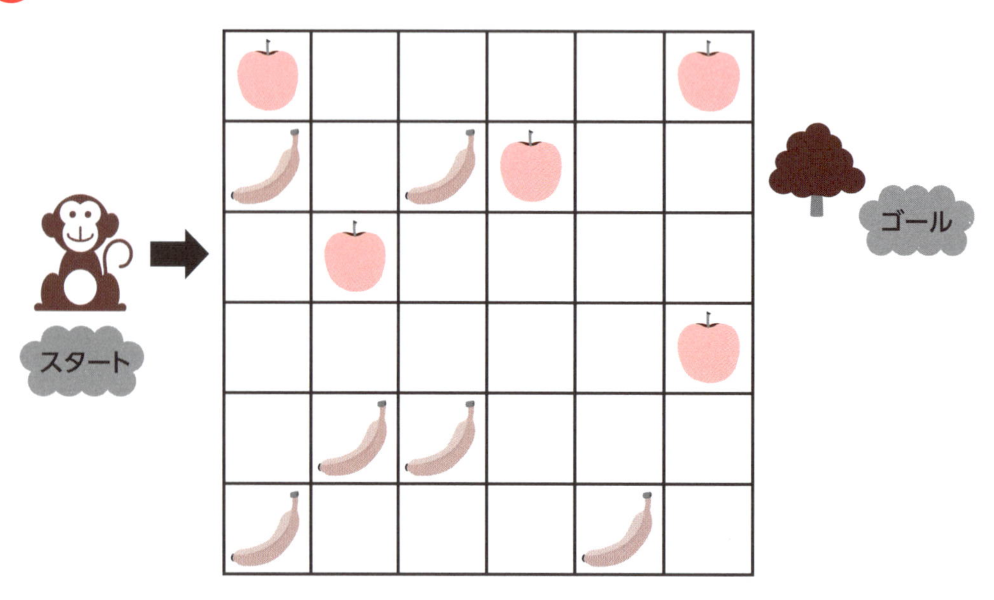

まずは図の中に「スタートから行くことのできる道じゅん」と「ゴールに着くことのできる道じゅん」を書き入れてみよう。

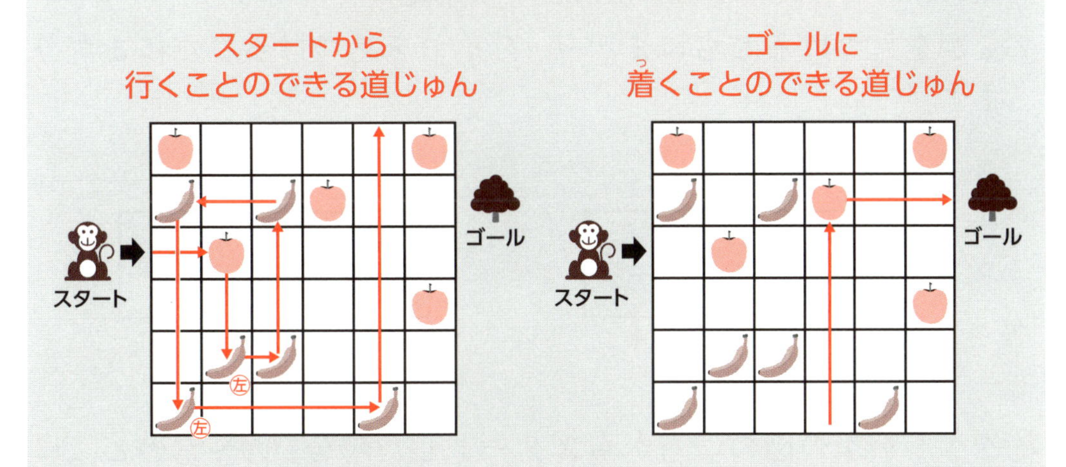

この２つの道が交わったところに「りんご」か「バナナ」をおくとゴールに着くことができるよ。

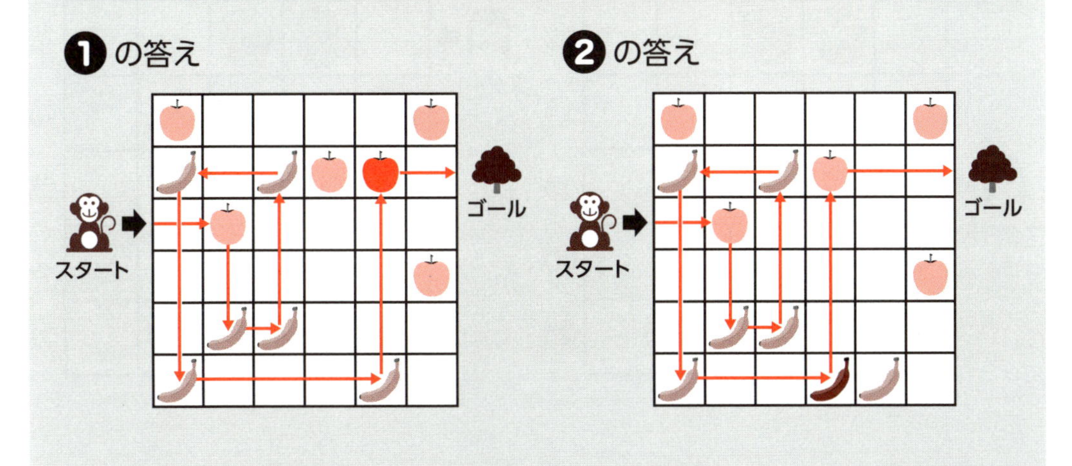

やった日　　月　　日

れんしゅう１

花子さんはたからさがしをしています。
花子さんの動き方には次のようなきまりがあります。
①マス目にそって、たてか横にまっすぐ進みつづけます。
②金かを見つけると右にまがり、ダイヤを見つけると左にまがります。

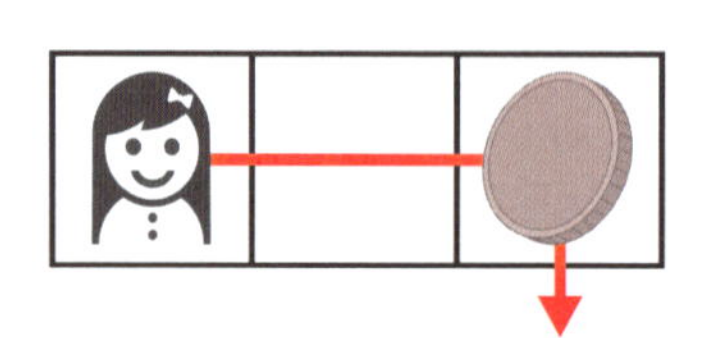

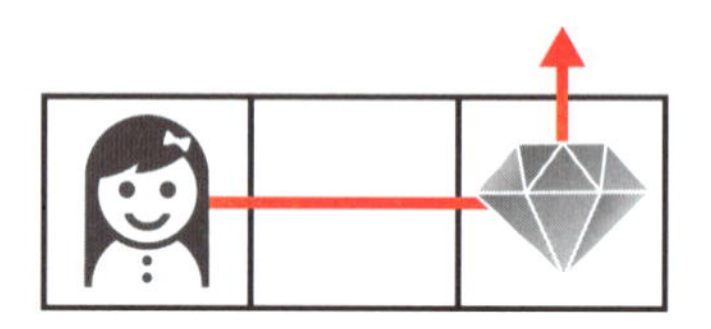

花子さんが次の図のいちからスタートした場合、㋐～㋔のどこにゴールするか答えましょう。

❶

スタート

㋐
㋑
㋒
㋓
㋔

答え

❷

スタート

㋐
㋑
㋒
㋓
㋔

答え

やった日　　月　　日

れんしゅう2

うちゅう人が地球にやってきました。
うちゅう人の動き方には次のようなきまりがあります。

①マス目にそって、たてか横にまっすぐ進みつづけます。

②あめを見つけると右にまがり、アイスを見つけると左にまがります。

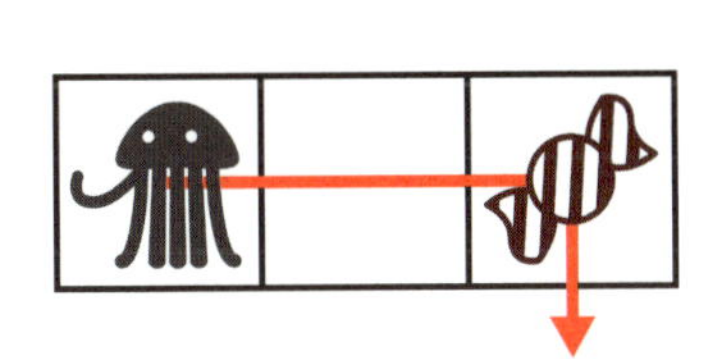

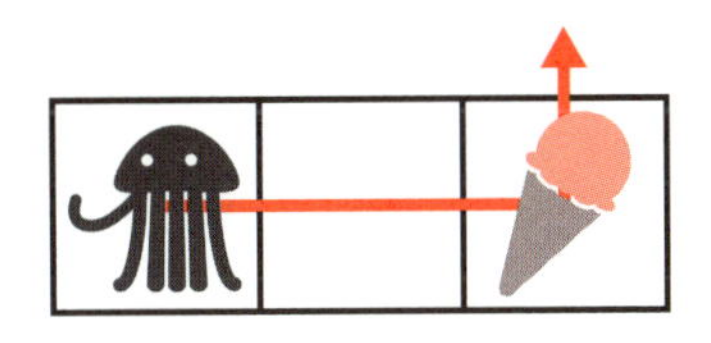

うちゅう人は次の図のスタートから探けんを始めましたが、このままではUFOに帰れません。うちゅう人がUFOに帰れるように

1 マスの中に1つだけあめを書きましょう。

2 マスの中に1つだけアイスを書きましょう。

答えは下の図の中に書き入れましょう。

やくそく通りに計算する

やってみよう

記号○、△は次のようなやくそくで計算することを表すものとします。

5○6＝5×6＝30
8△3＝8－3＝5
7○3△4＝7×3－4＝21－4＝17
10△4○7＝(10－4)×7＝6×7＝42

このとき、次の［　］に当てはまる数を答えましょう。

❶ 22○4＝［　］

❷ 4○15△10＝［　］

❸ 9△6○8△4○13＝［　］

❹ 8△［　］○7＝21

4つのれいからそれぞれ
何がわかるか考えてみよう！

5〇6 = 5 × 6 = 30

8△3 = 8 − 3 = 5

〇のしるしはかけ算の「×」
△のしるしはひき算の「−」
を表しているんだね！

△は−で〇は×だから
7〇3△4 = 7 × 3 − 4
10△4〇7 = 10 − 4 × 7
…あれ？

10△4〇7
= (10 − 4) × 7 って
どういうこと？

10 − 4 × 7　だと△のひき算よりも〇のかけ算が先になるよ。
でも　(10 − 4) × 7　と書いてあるので、〇のかけ算よりも
△のひき算を先にしなくちゃいけないね。ということは、〇や
△の計算は、**左からじゅん番にやらなきゃいけないんだね！**

❶ 1つ目のれいから、〇はかけ算を表すことがわかります。
22〇4 = 22 × 4 = 88 です。

❷ 2つ目のれいから△はひき算を表すことがわかります。
また3つ目と4つ目のれいからは、この計算は左から
じゅんに行うことがわかります。
4〇15△10 = 4 × 15 − 10 = 50 です。

❸ 左からじゅんに計算をします。
9△6 = 9 − 6 = 3
3〇8 = 3 × 8 = 24
24△4 = 24 − 4 = 20
20〇13 = 20 × 13 = 260
よって答えは 260 です。

❹ やくそくの通りに式に書くと、(8 − □) × 7 = 21 となります。ですから 21 ÷ 7 = 3、8 − 3 = 5 で答えは 5。

指を使って時計のはりの動きを追ってみよう

やってみよう

長しんのない時計が、12時を指しています。

短しんを時計回りに1直角動かすことを①、2直角動かすことを②、…、10直角動かすことを⑩、…のように表し、短しんが指した数字をさいしょの12もふくめてじゅん番にたしていくことにします。

たとえば、①②であれば、短しんは12時のいちから3時へ、さらに9時へと動くので、12＋3＋9＝24になります。

1 次のように動いたとき、いくつになるか計算しましょう。

ア　②③

イ　⑤⑦③

2 ⑦⑥Ⓐのじゅんに動いたとき、計算をすると33になりました。Ⓐに当てはまる数を小さいものからじゅんに2つ答えましょう。

下の図を使いながら考えてみよう！

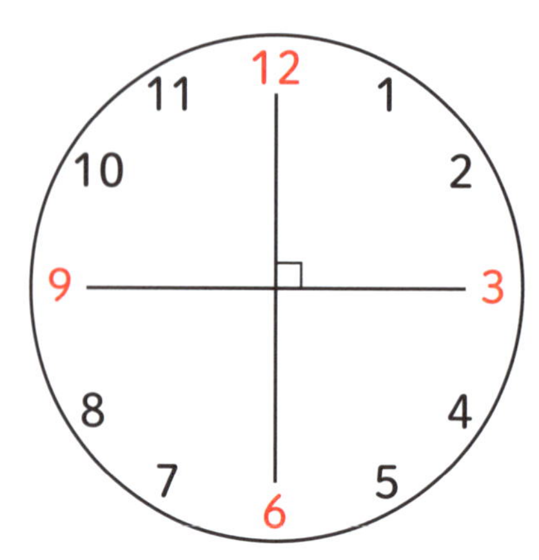

❶ ア

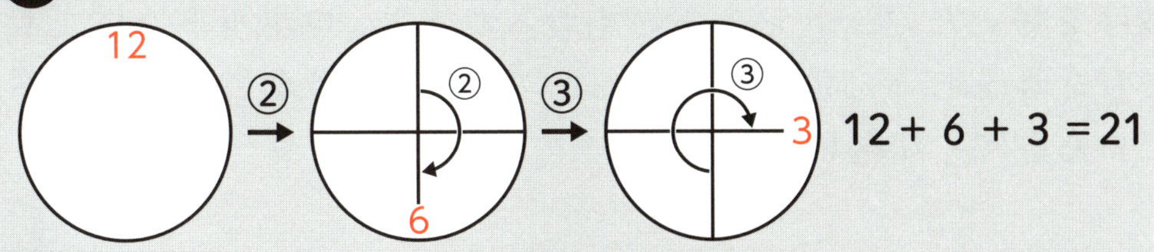

❶ イ 4直角は1しゅう分だから4直角動くと元のいちにもどるよ！

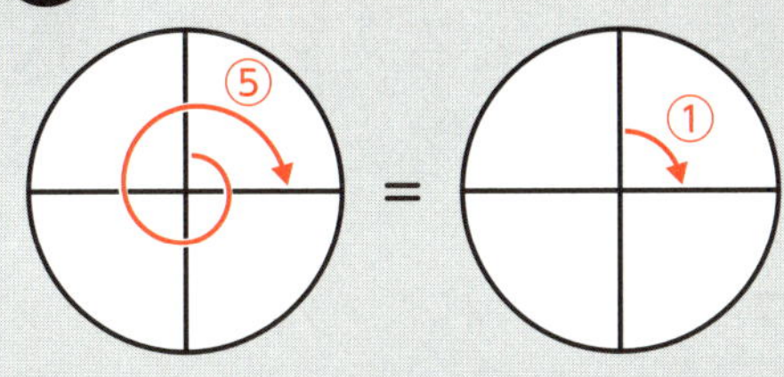

5直角動いたときのはりのいちは1直角動いたときと同じだね！

5 － 4 ＝ 1 なので ⑤＝①

7 － 4 ＝ 3 なので ⑦＝③

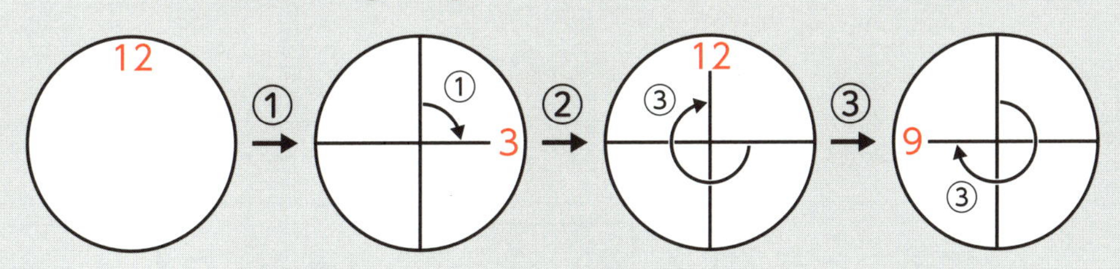

12＋ 3 ＋12＋ 9 ＝36

❷ ⑦⑥までを同じように考えて ⑦＝③　⑥＝②

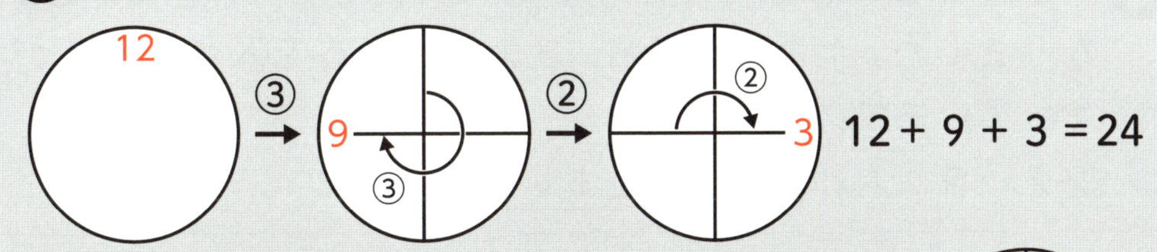

33－24＝9 なので
次のⒶで短しんは3のいちから9まで動きます。
これは2直角なので一番小さいⒶは②です。
2番目に小さいⒶはさらに1しゅう回ればよいから
2 ＋ 4 ＝ 6 で⑥です。

答え　①ア 21　イ 36　②2、6

やった日　　月　　日

れんしゅう1

計算ロボットＡと計算ロボットＢがいます。
数字を書いたカードを１まいずつ入れると、ロボットＡはたし算とひき算をじゅん番にくり返し、ロボットＢはかけ算とひき算をじゅん番にくり返します。

たとえば、10→9→8のじゅん番にカードを入れると
ロボットＡは、10＋9＝19、19－8＝11　と答えを出します。
ロボットＢは、10×9＝90、90－8＝82　と答えを出します。

1 15→4→10→13のじゅんにカードを入れた場合、ロボットＡとロボットＢが出す答えをもとめましょう。

答え　ロボットＡ [　　]　ロボットＢ [　　]

2 ロボットＢに３まいのカードを入れたところ、答えが50になりました。１まい目に8、３まい目に6を入れたことがわかっています。
２まい目に入れた数を答えましょう。

答え [　　]

やった日　　月　　日

れんしゅう2

時計の短(たん)しんが12を指(さ)しています。

この短しんが時計回りに1直角動(うご)くことを①、2直角動くことを②、…のように表(あらわ)します。

またこの短しんが反(はん)時計回りに1直角動くことを[1]、2直角動くことを[2]、…のように表します。

このとき、さいしょの12をふくめて短しんが指した数字をじゅん番にたすことにします。たとえば③[2]では、短しんは12→9→3のじゅんに指すので、12＋9＋3＝24です。

1 [10][7]⑨はいくつですか。

答え

2 ⑧[A]⑥が36となるようなAを小さいものからじゅんに3つ答えましょう。

答え

全部調べてみよう

やってみよう

次の図のようなすごろくをします。

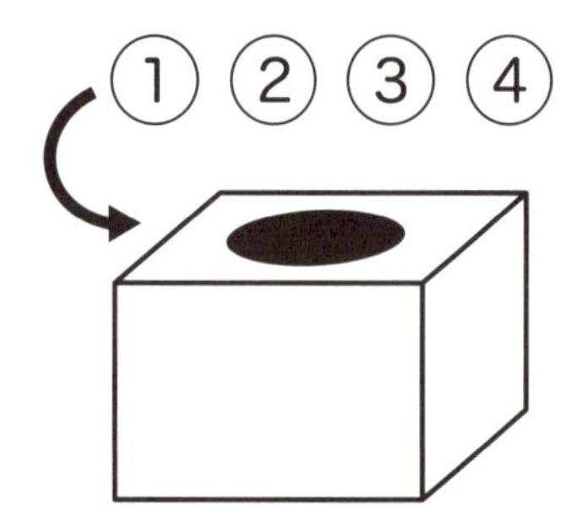

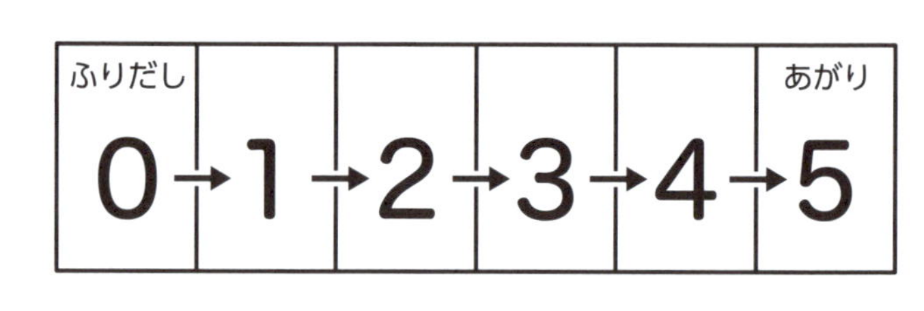

①から④までの番号が書かれたボールを1こずつ箱に入れます。ここからボールを1ことり出し、①、②、③のいずれかのボールをとり出したときは、その数だけ進みます。しかし④のボールをとり出したときは、ふりだしにもどります。

ただし、たとえば4にいるときに③のボールが出た場合は、4→5→4→3のように3のマスに進みます。ゴールをこえた分だけもどるということです。

また、とり出したボールは1回ごとに箱の中にもどします。

1 ボールを4回とり出したところ、③、③、④、②のじゅんにボールが出ました。5回目にどのボールをとり出すとゴールできますか。もしどのボールをとり出してもゴールできないときは×と答えましょう。

2 ちょうど3回でゴールする場合、ボールのとり出し方は何通りありますか。

かいせつ

❶ 1回目「③が出た」0→1→2→3
2回目「③が出た」3→4→5→4
3回目「④が出た」0 にもどるよ！
4回目「②が出た」0→1→2

5回目で2からゴールの5にいどうするにはあと3マスなので、③が出ればいいね！

答え　3

❷ 次のようにすべての場合を調べてみましょう。
（このような図をじゅ形図といいます）

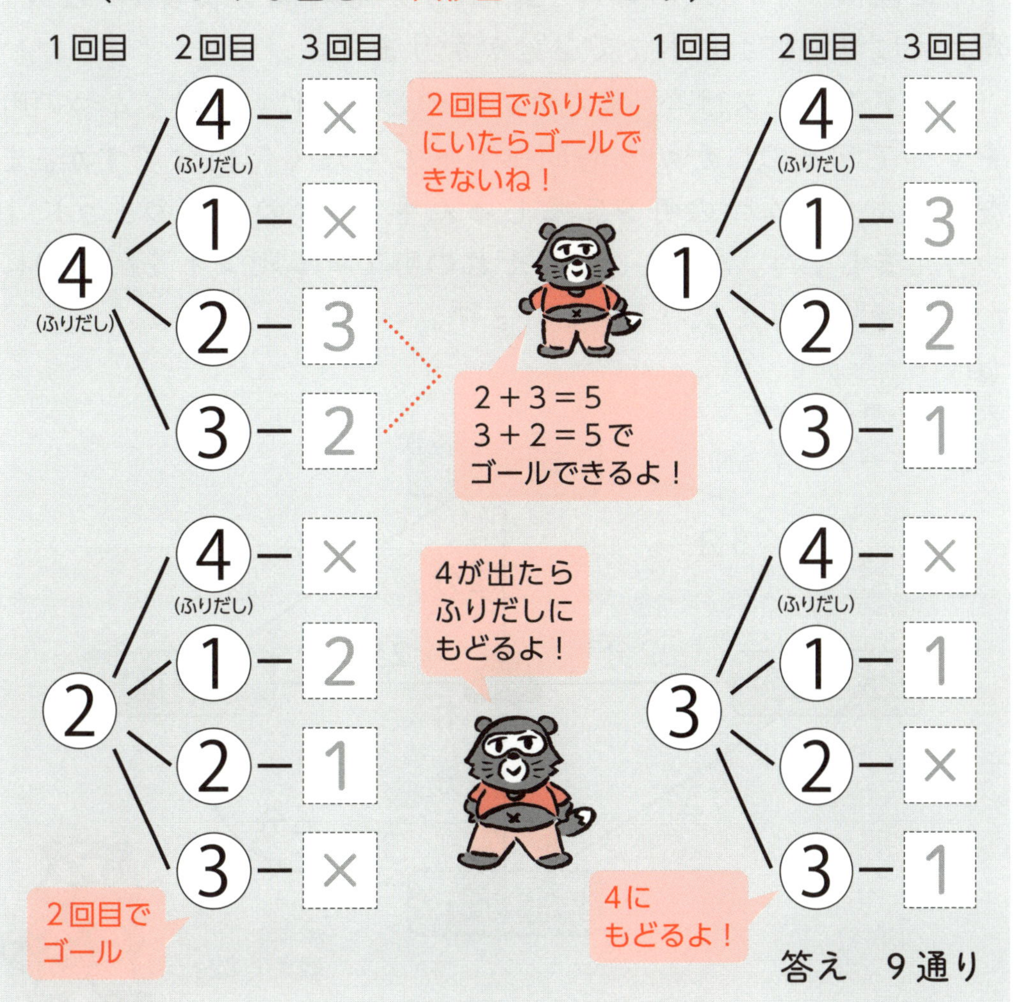

答え　9通り

いろいろな行き方を調べよう

やってみよう

サンタクロースが子どもたちにプレゼントを配たつしています。

まだプレゼントを配っていないのは、大空町、青海町、緑山町、畑中町の4つの町です。

下の図は、町から町へのいどうにかかる時間を表しています。たとえば青海町から木まで2分かかります。

サンタクロースは今、真ん中の木のところにいます。4つの町をすべて回るのにかかる時間はもっとも短くて何分ですか。またそのような4つの町を回るじゅん番を、次のれいのように1つ答えましょう。ただし、それぞれの町でプレゼントを配るのにかかる時間は考えないものとします。

（れい）
木→大空町→畑中町
→緑山町→木→青海町

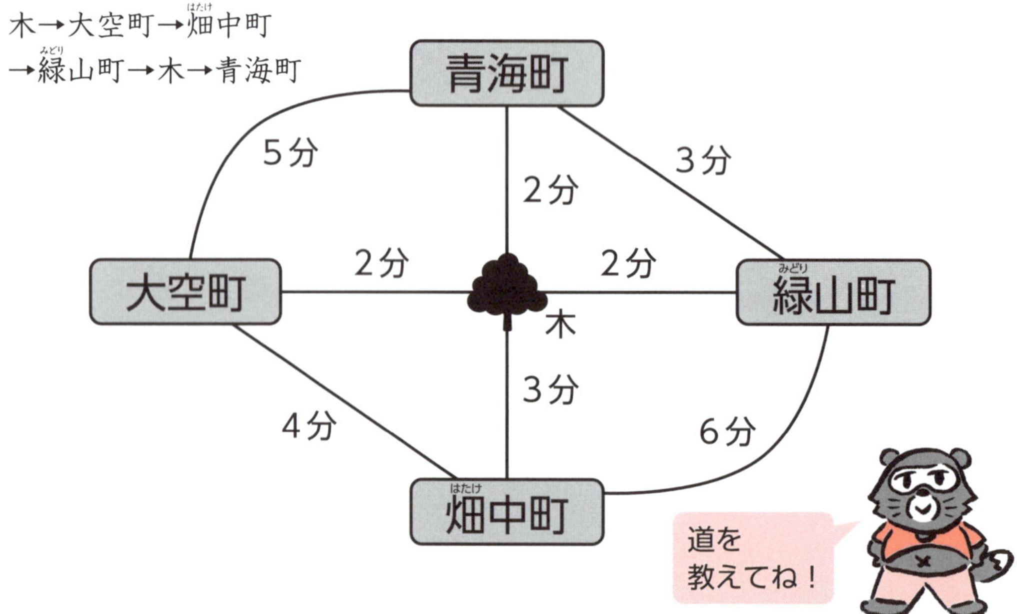

木からスタートしてさいしょに
どの町に行ったらいいかな？

木から［3分］かかる［畑中町］い外の、他の3つのどれかに行く。

次に2つの町をつなぐ一番早い
道じゅんを考えよう！

①大空町⇔青海町　2＋2＝4分　②大空町⇔畑中町　4分
③大空町⇔緑山町　2＋2＝4分　④青海町⇔畑中町　2＋3＝5分
⑤青海町⇔緑山町　3分　⑥畑中町⇔緑山町　3＋2＝5分

木 →(2分) ［町］ →(1) ［町］ →(2) ［町］ →(3) ［町］と回るので、①〜⑥の中から3つを使うよ！

⑤の3分はぜったいに使いたいね！
④と⑥の5分は使いたくないな〜
4分の道じゅんで畑中町を通るのは②しかないぞ？

ということは、畑中町をとちゅうに持ってくることは［できない］。

でも畑中町は木の次［ではない］ので畑中町に行くのは［一番あと］。

木 →(2分) ［？］→［？］→［大空町］→(4分) ［畑中町］まで決まります。

のこった青海町と緑山町は、どちらが先でも合計時間は同じです。

答え　もっとも短い時間…13分
4つの町の回り方は次の2通り（1つを答えれば正かいです）

書くのをわすれないでね！

木→青海町→緑山町→木→大空町→畑中町
木→緑山町→青海町→木→大空町→畑中町

やった日　　　月　　　日

れんしゅう１

次の図のようなすごろくをします。

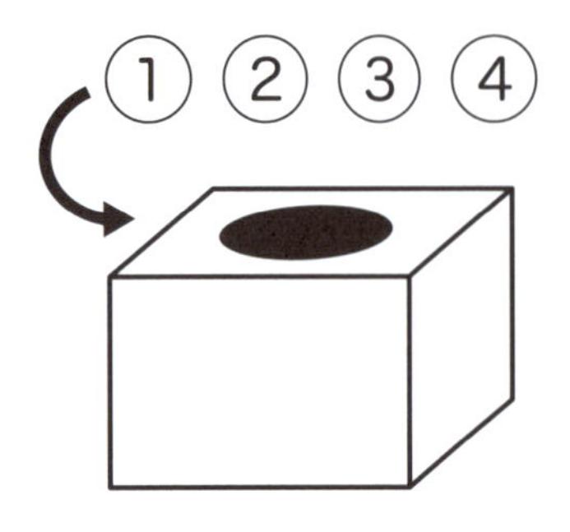

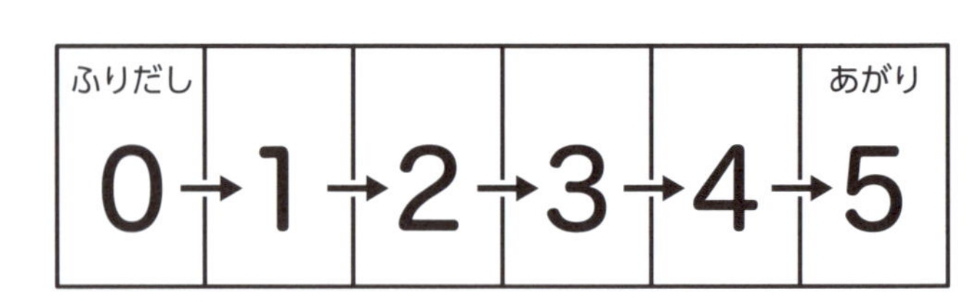

①から④までの番号が書かれたボールを１こずつ箱の中に入れます。ここからボールを１ことり出し、①、②、③のいずれかのボールをとり出したときは、その数だけ進みます。しかし④と書かれたボールをとり出したときは１マスもどります。5のマスにちょうど止まるとあがりで終りょうします。

ただし、たとえば4にいるときに③と書かれたボールをとり出したときには4→5→4→3のように、ゴールをこえた分だけもどります。またふりだしにいるときに④と書かれたボールをとり出したときはそのまま動きません。

また、とり出したボールは１回ごとに箱の中にもどすものとします。

ボールを３回とり出して、ちょうどあがりになるボールのとり出し方は何通りありますか。

動きをひとつひとつかくにんしながら読んでね！

答え　　　　通り

れんしゅう2

たろう君は家からゆうえん地に行きます。

家からゆうえん地までのルートおよびかかる時間は次の図の通りです。

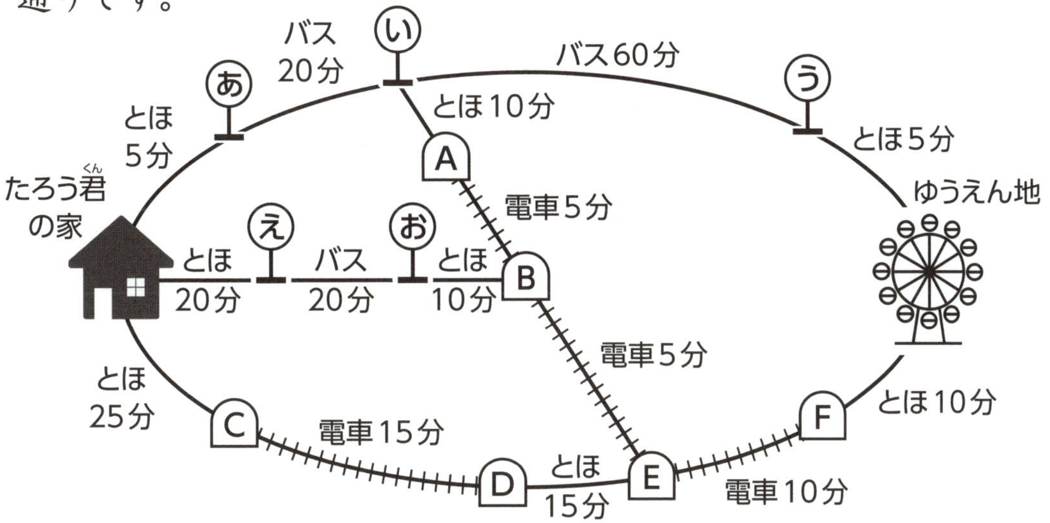

このとき、一番早くゆうえん地に着く道じゅんを考え、「家→あ→A→い→D→F→ゆうえん地」のように答えましょう。

ただしバスていや駅での待ち時間は考えないものとします。

答え　家→［　　　　　］→ゆうえん地

どちらが先かな？ メモを書いて考えよう

やってみよう

ネコのとらじろうがさんぽをしました。とらじろうは空き地、学校、川原、魚屋の4か所をまわりました。

次のヒントをよく読んで、とらじろうが行った場所をじゅん番に答えましょう。

①魚屋さんの次に空き地に行きました。
②空き地に行ったのは、川原よりも前です。
③学校へ行ったのは、さいしょでもさい後でもありません。

「→」を使って
じゅん番を整理するとわかりやすいよ！

①のヒントから

魚屋 → 空き地

空き地のすぐ後に
川原に行ったのか
わからないから
…にしたんだね！

②のヒントから

空き地 … 川原

①②をまとめて

学校 はどこに
いれたらいいかな？

（ア） 学校 → 魚屋 → 空き地 → 川原

（イ） 魚屋 → 空き地 → 学校 → 川原

（ウ） 魚屋 → 空き地 → 川原 → 学校

③のヒントと
くいちがわないのは
どれかな？

(ア)と(ウ)は③の
ヒントとくいちが
っているね…

答え

魚屋 → 空き地 → 学校 → 川原

いろいろな場合を考えよう

やってみよう

あきこさん、かずこさん、さとこさん、たかこさんの４人が100m走をしました。４人はこのけっかについて次のように話しました。

あきこさん「わたしはかずこさんより後にゴールしました」
かずこさん「わたしはさとこさんより先にゴールしました」
さとこさん「たかこさんはあきこさんより先にゴールしました」
たかこさん「わたしは４いでした」

しかし、４人のうち本当のことを言っているのは１いの人だけで、他の３人はみんなウソをついていることがわかりました。また、同じじゅんいでゴールした人はいません。

このとき、次の問いに答えましょう。

❶ 本当のことを言っている人はだれですか。

❷ ４いでゴールした人はだれですか。

かいせつ

1

「本当のことを言っているのは1いの人だけ」ということは1いではない人はウソをついているよ！

①あきこさんが1い＝正直者だとすると
「かずこさんより後にゴールしました」…1いとくいちがう！
つまり、**あきこさんは1いではない＝ウソをついています。**

本当のじゅん番は あきこ … かずこ

②つまり、**かずこさんも1いではない＝ウソをついている**から

本当のじゅん番は さとこ … かずこ

③たかこさんが4い＝正直者だとすると
「私は4いでした」…1いとくいちがうのでおかしい！
たかこさんも1いではない＝ウソつきです。
ということは、たかこさんは1いでも4いでもありません。

ということは**さとこさんが1い**です。　答え　さとこさん

2

④**さとこさんは1いなので正直者**です。 たかこ … あきこ
①と④をまとめると

たかこ … あきこ … かずこ

これと、さとこさんが
1いであることを合わせると、
4人のじゅんいは次のようになります

さとこ → たかこ → あきこ → かずこ

答え　かずこさん

やった日　　月　　日

れんしゅう1

女の子のみきさん、ちささとさん、男の子のだいき君、はやと君、りょう君が横一列にすわっています。みんなのセリフをよく読んで、5人のせきじゅんを答えましょう。

みき「わたしははやと君のとなりだよ」
ちさと「わたしの右どなりはりょう君だよ」
だいき「ぼくは一番はじっこだよ」
はやと「ぼくの左どなりは男の子だよ」
りょう「ぼくよりも右にだいき君がいるよ」

答え(左から)

□→□→□→□→□

やった日　　月　　日

れんしゅう２

はるお君、なつお君、あきお君、ふゆお君の４人が100m走をしました。また４人は赤、青、黄、緑のどれかのハチマキをしており、色はすべてちがっています。４人はこのけっかについて次のように話しました。ただし４人の中にウソをついている人はいません。また、４人の中に同時にゴールした人もいません。

はるお君「ぼくは緑のハチマキをしていたよ」
なつお君「ぼくは２いだったよ」
あきお君「青色のハチマキの人は３いでゴールしました。ぼくのハチマキは黄色じゃないよ」
ふゆお君「あきお君は４いだったよ」

このとき、次の問いに答えましょう。

1 １いでゴールした人はだれですか。

2 黄色のハチマキをしていたのはだれですか。

答え ①　　　②

表にまとめて考えよう

やってみよう

シロ、クロ、シマ、ブチの4ひきのネコが、えんがわ、木の上、へいの上、屋根の上のどこかで昼ねをしています。次のヒントをよく読んで、4ひきのネコが昼ねをしている場所をそれぞれ答えましょう。ただし、同じ場所で昼ねをしているネコはいません。

①シロがねているのは、木の上でもへいの上でもない。
②クロがねているのは、えんがわでも木の上でもない。
③シマは、屋根の上でねている。

	えんがわ	木の上	へいの上	屋根の上
シロ				
クロ				
シマ				
ブチ				

組み合わせを答える問題は、
表を書いてじょうほうを整理しよう！

ヒント①②から

	えん	木	へい	屋根
シロ		×	×	
クロ	×	×		
シマ				
ブチ				

ヒント①と②
からこの４つ
は×だね！

ヒント③から

	えん	木	へい	屋根
シロ		×	×	×
クロ	×	×		×
シマ	×	×	×	○
ブチ				×

屋根の上でねて
いるのはシマだ
から他のネコに
×をつけるよ！

シマは屋根の上でねているから他の場所は × だね！

	えん	木	へい	屋根
シロ	○	×	×	×
クロ	×	×	○	×
シマ	×	×	×	○
ブチ				×

シロはえんがわ
クロはへいの上
しか○をつけら
れないぞ！

	えん	木	へい	屋根
シロ	○	×	×	×
クロ	×	×	○	×
シマ	×	×	×	○
ブチ	×	○	×	×

えんがわはシロ、
へいの上はクロなので
他のネコに×をつけます。
すると、ブチは木の上だと
わかります。

答え

シロ えんがわ　クロ へいの上　シマ 屋根の上　ブチ 木の上

ねばり強く 表にまとめてみよう

やってみよう

　あつし君、こうた君、だいち君、まさと君が持っているたから物について聞きました。
　次のセリフをよく読んで、それぞれのたから物とその色を答えましょう。
　ただし、たから物はギター、スパイク、自転車、ラジコンのどれかで、色は赤か青か黄色か緑です。同じもの、同じ色を答えた人はいませんでした。

あつし「ぼくとこうた君のたから物は、自転車でもラジコンでもないよ」
こうた「ぼくのたから物は黄色で、まさと君のは赤だよ」
だいち「スパイクを見せてもらったけど、緑色だったな」
まさと「ぼくのたから物はラジコンじゃないよ」

	たから物				色			
	ギター	スパイク	自転車	ラジコン	赤	青	黄	緑
あつし								
こうた								
だいち								
まさと								

①あつし君のセリフから

	ギター	スパ	自転車	ラジ
あつし			×	×
こうた			×	×
だいち	×	×		
まさと	×	×		

あつし君とこうた君のたから物はギターかスパイクです。

⬇ということは

だいち君とまさと君のたから物は自転車かラジコンだとわかります。

②こうた君のセリフから

	赤	青	黄	緑
あつし	×		×	
こうた	×	×	○	×
だいち	×		×	
まさと	○	×	×	×

こうた君が黄色、
まさと君が赤。
他の人と色に×を
つけましょう。

わかってきたぞ！

③だいち君のセリフから

スパイクと緑に○をつけられるのはあつし君だけです！
→他の人、色に × をつけます。

	たから物				色			
	ギター	スパ	自転車	ラジ	赤	青	黄	緑
あつし	×	○	×	×	×	×	×	○
こうた		×	×	×	×	×	○	×
だいち	×	×			×		×	×
まさと	×	×			○	×	×	×

あいている場所を見ると、こうた君はギター、だいち君は青。

④まさと君のセリフから

まさと君が自転車、だいち君がラジコンだとわかります。

	あつし	こうた	だいち	まさと
たから物	スパイク	ギター	ラジコン	自転車
色	緑	黄	青	赤

やった日　　月　　日

春子さん、夏子さん、秋子さん、冬子さんに、春、夏、秋、冬のどのきせつが一番すきか聞きました。次(つぎ)のヒントをよく読んで、4人が一番すきなきせつをそれぞれ答えましょう。

①同じきせつを答えた人はいませんでした。
②自分の名前に入っているきせつを答えた人は１人だけでした。
③秋子さんが一番すきなきせつは冬です。
④冬子さんが一番すきなきせつは夏か秋のどちらかです。

答え　春子さん［　　］　夏子さん［　　］
　　　秋子さん［　　］　冬子さん［　　］

やった日　　月　　日

れんしゅう２

あきこさん、かずこさん、さちこさん、たかこさんの４人はそろばん、水泳、えい会話、ダンスのうちいずれか２つの習い事をしています。また次のことがわかっています。

- 水泳を習っているのはさちこさんだけです。
- さちこさんはそろばんを習っていますが、あきこさんはそろばんを習っていません。
- かずこさんはダンスを習っていますが、たかこさんはダンスを習っていません。
- えい会話を習っているのは３人です。

このとき、次の問いに答えましょう。

1 えい会話を習っていない人はだれですか。

2 あきこさんが習っているものは何ですか。２つとも答えましょう。

3 たかこさんが習っているものは何ですか。２つとも答えましょう。

答え　①

②　　と

③　　と

こ数で考えるブロックづみ

同じ大きさの立方体をつなげて作った㋐、㋑、㋒の立体がたくさんあります。

㋐
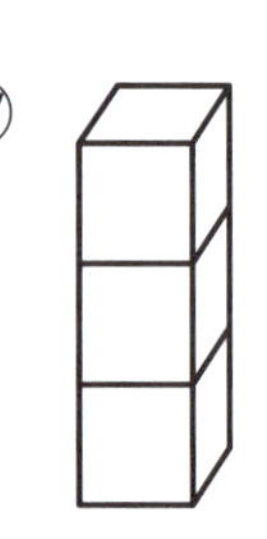
㋑
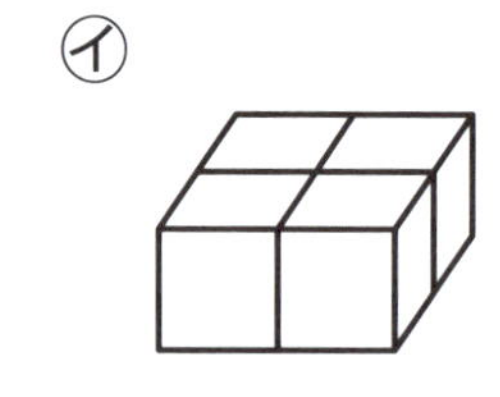
㋒
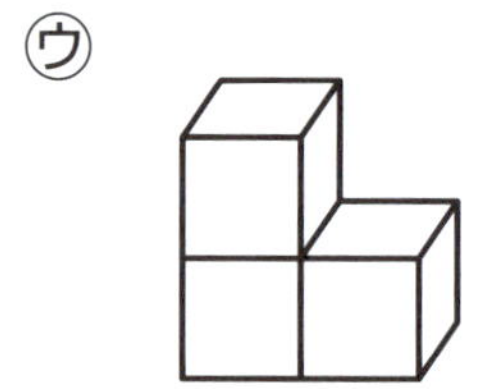

これらの立体を組み合わせて作ることができない立体は①～④のどれですか。㋐、㋑、㋒は向きをかえて使ってかまいません。また、たくさん使うものがあっても、全く使わないものがあってもかまいません。

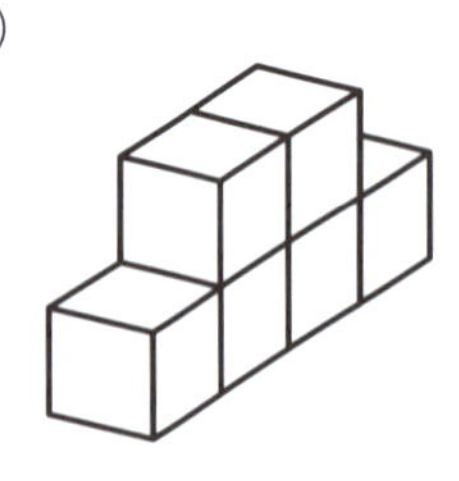
②
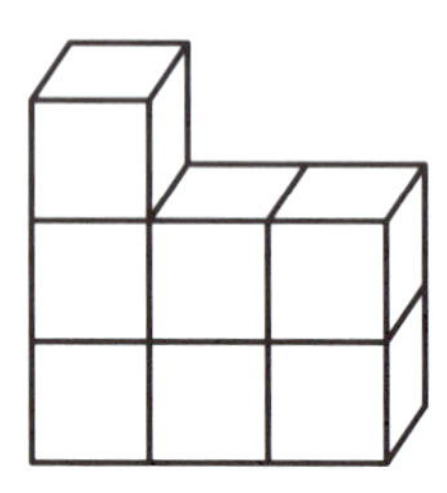
③
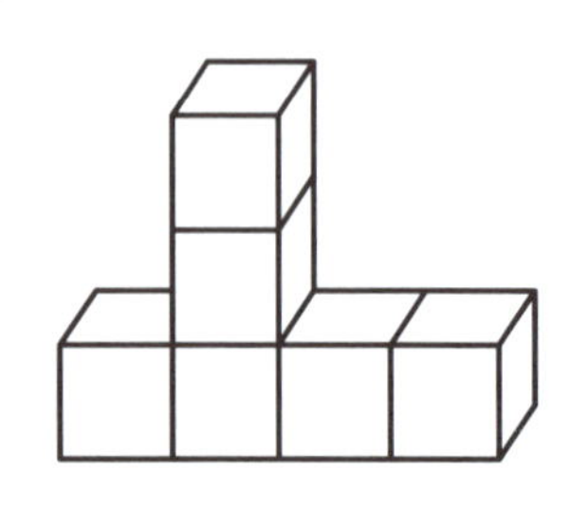
④
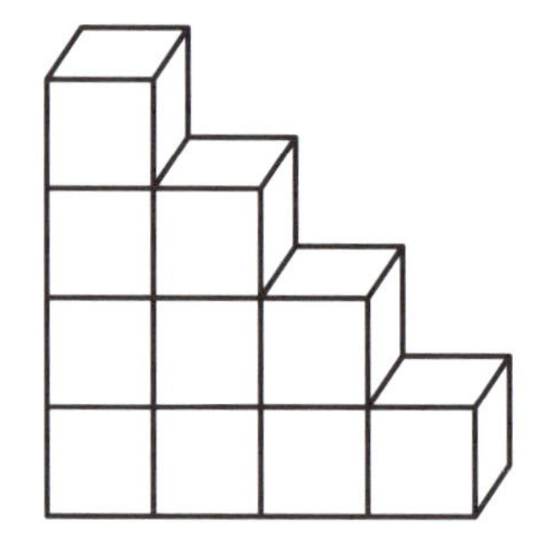

まずは①～④が何この立方体でできているか数えてみよう！

① 6 こ　② 7 こ　③ 6 こ　④ 10 こ

㋐と㋒は３こ、㋑は４この立方体でできているよ！

①

3+3=6

②

3+4=7

③

3+3=6だけど
㋐と㋒じゃ
作れないぞ…

④

3+3+4=10

答え ③

その列に何こつまれているかな？

やってみよう

同じ大きさの立方体を、部屋の角のところにすきまなくつみ上げて、下の図のような立体を作りました。立方体を何こ使ったでしょうか。

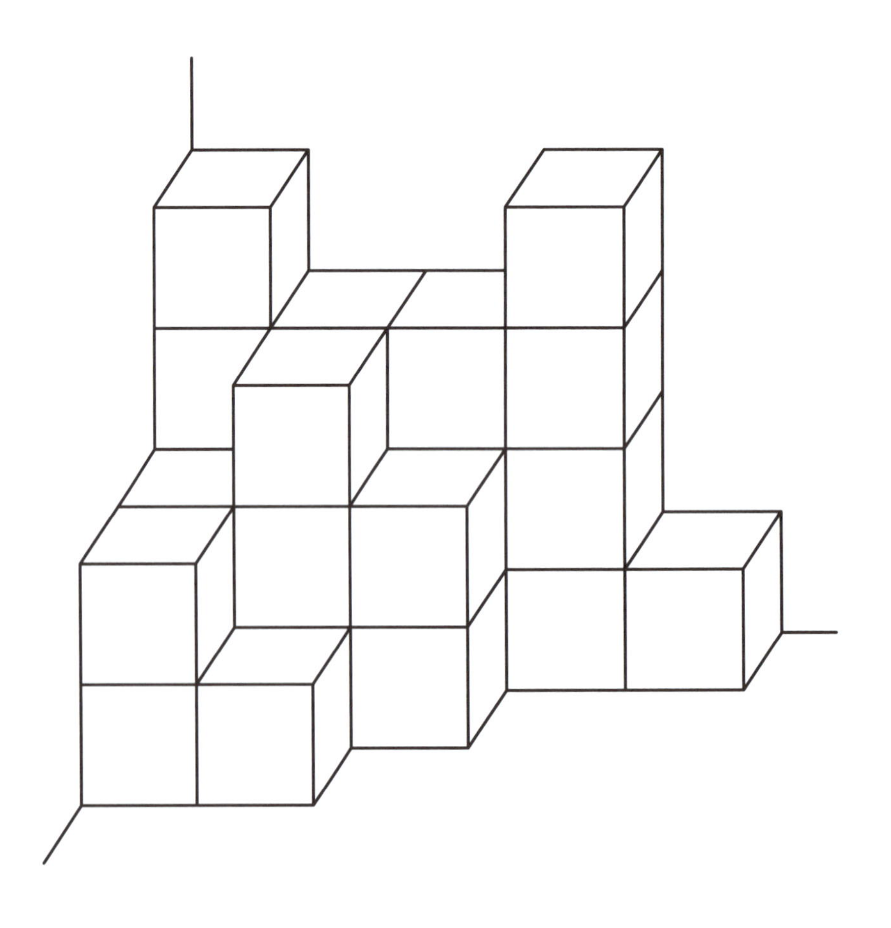

左から１列ずつ、または上から
１だんずつに分けて数えよう！

☆左から１列ずつに分けて手前から数えると…

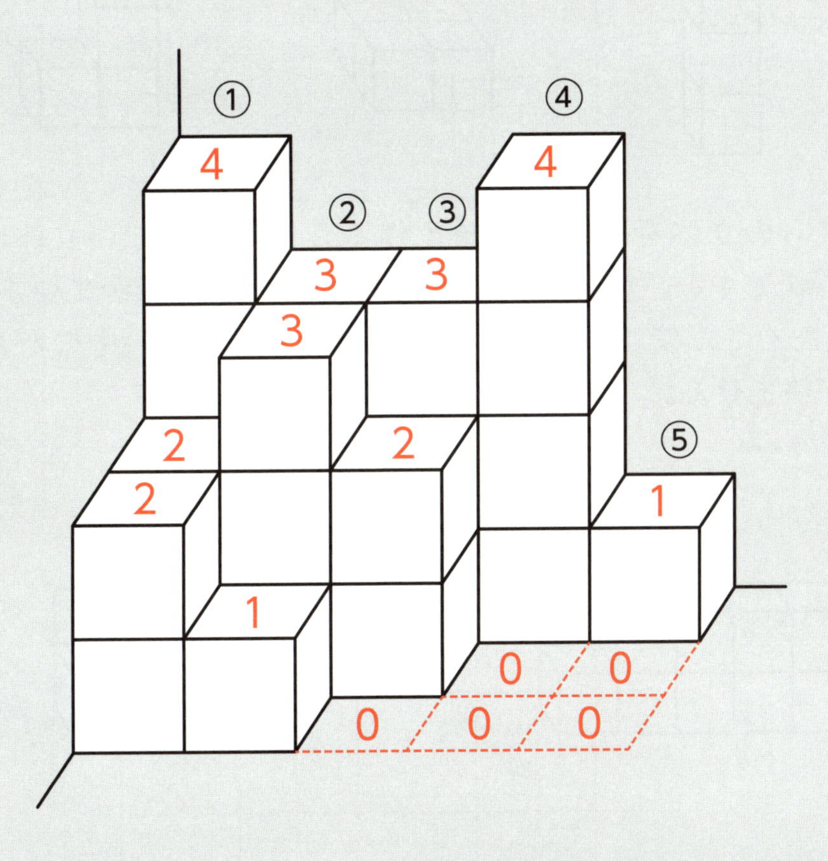

① 2＋2＋4＝8こ
② 1＋3＋3＝7こ
③ 0＋2＋3＝5こ
④ 0＋0＋4＝4こ
⑤ 0＋0＋1＝1こ
合計8＋7＋5＋4＋1＝25こ

答え　25こ

やった日　　月　　日

れんしゅう1

同じ大きさの立方体をつなげて作った㋐、㋑、㋒の立体がたくさんあります。

㋐
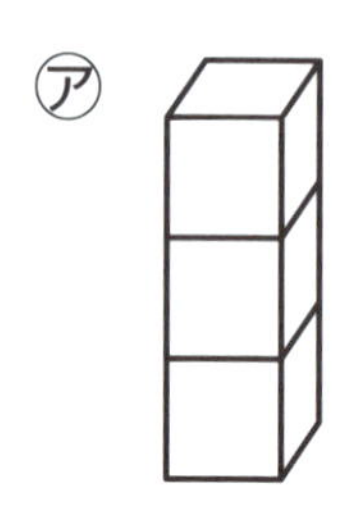

㋑
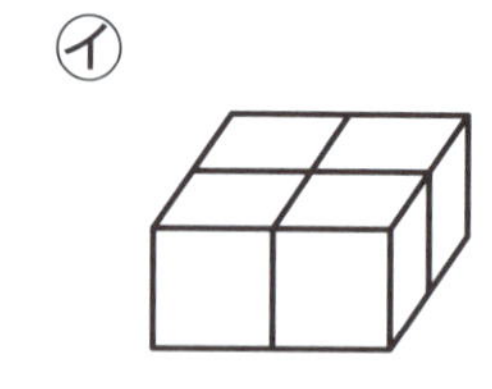

㋒

これらの立体を組み合わせて作ることができない立体は①〜④のどれですか。㋐、㋑、㋒は向きをかえて使ってかまいません。また、たくさん使うものがあっても、全く使わないものがあってもかまいません。

①
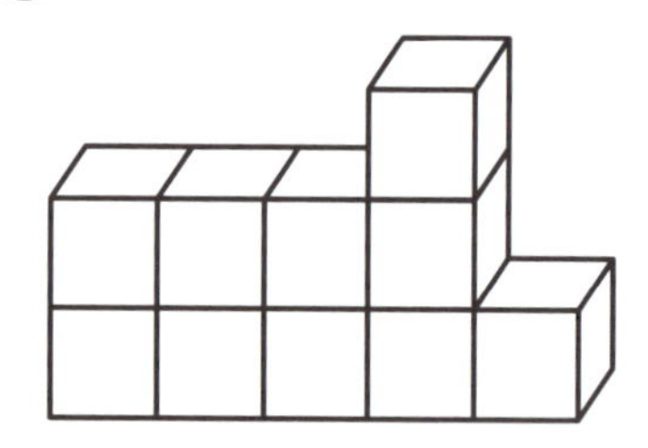

②
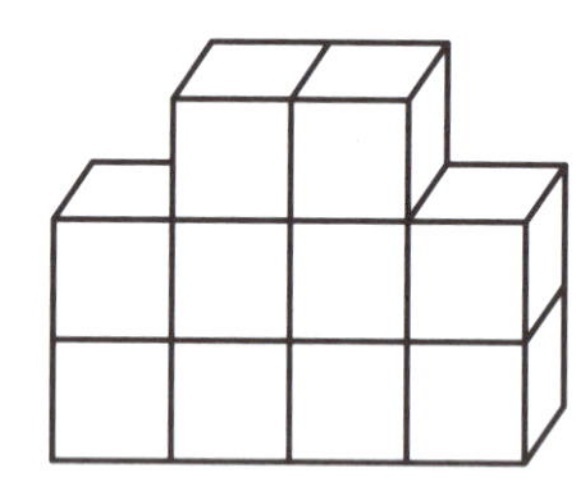

③
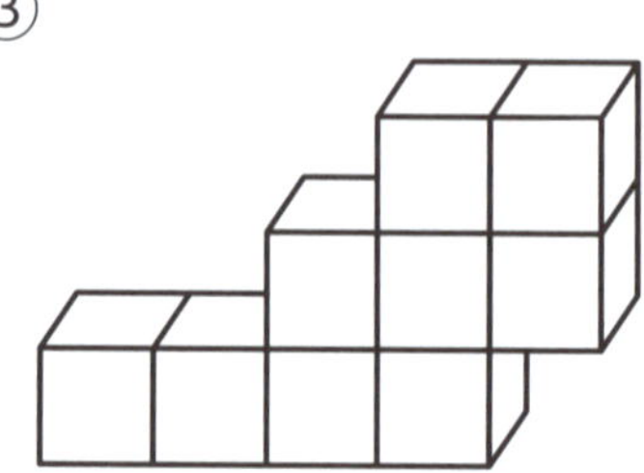

④
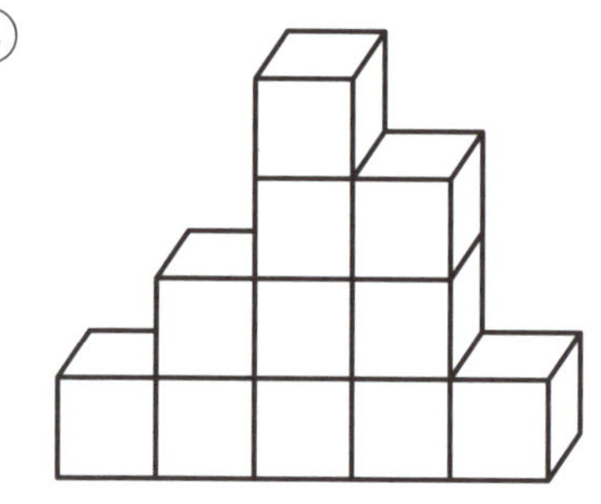

答え

やった日　　　月　　日

れんしゅう2

同じ大きさの立方体を、部屋(へや)の角のところにすきまなくつみ上げて、下の図のような立体を作りました。立方体を何こ使(つか)ったでしょうか。

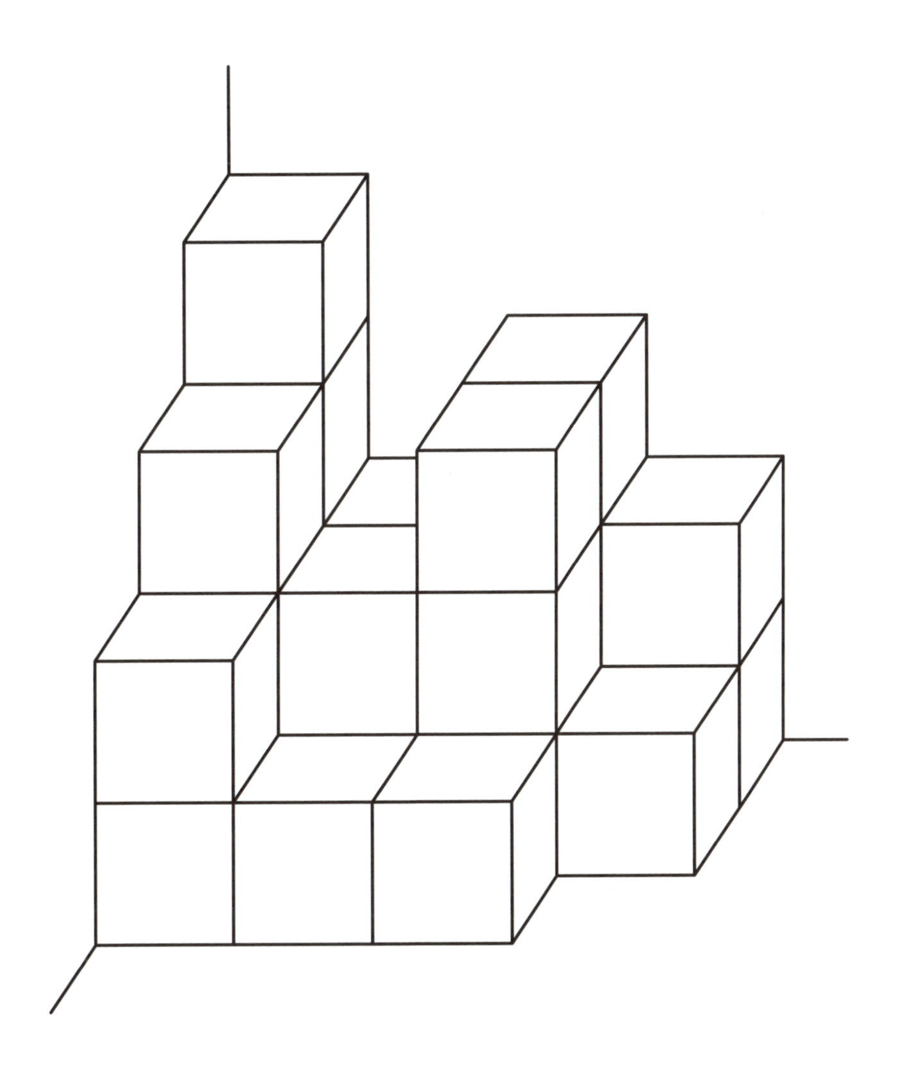

答え　　　　こ

第4章

問題集・模擬テスト

◉問題集に取り組む際には、「終わらせること」を目標にしないように注意しましょう。ここでは**「1問1問をていねいに、正確に解くことで、得点力を確実に高めていく」**ことが目的です。それを心に留めておいてください。

解き始める前に、必ず**「この5問は1問も間違えずにクリアしよう！」などと励まし、子どもの気持ちを高める**ようにしましょう。一度に解かせる問題数を多くしすぎず（5問くらいが適切）、「1問も間違えないぞ」「全問正解するぞ」と子どもにいわせてから始めてもいいでしょう。

◉子どもが問題を前に立ち止まっているときは、**その問題に該当する項目のページをもう一度読むように**アドバイスしてあげてください。解けないのは、覚えたはずの知識を忘れてしまっているだけです。例題に戻って解き方を思い出せば、また手が動くようになります。時間はある程度かかってもかまわないので、ていねいに、正確に解くことを心がけてください。

◉模擬テストのやり方――時間は40分です。時計は子どもから見える場所に置きます。始める前には、「今から模擬テストを始めます」と声をかけ、できるだけ入塾テスト本番に近い気持ちになるように、子どもにある程度のプレッシャーをかけるようにしましょう。始める前に「〇〇点とろうね」などと声をかけ、緊張感を与えることも効果的です。文房具を用意し、少し姿勢を正した後に「よーい、始め！」の合図でスタートするようにしましょう。時間もしっかり計ってください。解答中は時間の感覚を意識させ、時間配分を考えて解くようにさせます。採点は自分でさせずに、親御さんがしてあげてください。

▶150点中100点以上とれた⟶すべての解説を見て解き直しましょう。

▶100点未満⟶問題**1**・**2**の間違いを優先的に直させます。第1章、第2章を中心に、間違えた箇所と同じ種類の問題に再度取り組みましょう。

模擬テストは入塾テストで一番出題されやすい問題からつくられています。類似問題を解ける力がつくまで、くり返しやり直しさせてください。

1 次の計算をしましょう。(わからなかったら16～17ページへ)

(1) 58+69=

(2) 83+35=

(3) 96−44=

(4) 107−69=

(5) 6937+482=

(6) 3876+2127=

(7) 7072+1639=

(8) 7639−2084=

(9) 8023−586=

(10) 6637−3988=

2 次の計算をしましょう。(わからなかったら18～19ページへ)

(1) $80 \times 7 =$

(2) $400 \times 5 =$

(3) $43 \times 2 =$

(4) $69 \times 4 =$

(5) $38 \times 9 =$

(6) $327 \times 43 =$

(7) $746 \times 68 =$

(8) $563 \times 48 =$

(9) $740 \times 32 =$

(10) $804 \times 39 =$

3 次の計算をしましょう。あまりが出る場合はあまりも答えましょう。(わからなかったら20～25ページへ)

(1) 100÷30＝

(2) 300÷60＝

(3) 2700÷600＝

(4) 4000÷80＝

(5) 87÷3＝

(6) 126÷5＝

(7) 371÷7＝

(8) 640÷3＝

(9) 708÷6＝

(10) 815÷4＝

4 次の計算をしましょう。（わからなかったら26〜27ページへ）

（1） $3.8+4.4=$

（2） $7.6+2.4=$

（3） $5+2.5=$

（4） $8.4-4.6=$

（5） $7.3-3=$

（6） $6-1.4=$

（7） $\frac{2}{7}+\frac{1}{7}=$

（8） $\frac{3}{10}+\frac{7}{10}=$

（9） $\frac{7}{11}-\frac{4}{11}=$

（10） $1-\frac{4}{15}=$

5 次の計算をしましょう。（わからなかったら28～31ページへ）

（1）$84-21+19=$

（2）$48\div4\times2=$

（3）$36+14\times4=$

（4）$16\times8-28\div4=$

（5）$(36+24)\div5=$

（6）$(35-15\div5)\times7=$

（7）$(47+25)\div6\div3=$

6 次の計算をしましょう。（わからなかったら30～33ページへ）

(1) $95-(17+13)\times 2=$

(2) $(108-48\div 4)+4\times 5=$

(3) $264+(16+4\times 5)\div 3=$

(4) $86+73+14+27=$

(5) $4\times 78\times 25=$

(6) $86\times 73+86\times 27=$

(7) $69\times 227-69\times 143+16\times 69=$

7 次の□に当てはまる数を答えましょう。（わからなかったら34～37ページへ）

（1）$\square + 79 = 132$

（2）$\square - 57 = 31$

（3）$\square \times 8 = 112$

（4）$\square \div 12 = 48$

（5）$328 + \square = 815$

（6）$741 - \square = 328$

（7）$30 \times \square = 900$

（8）$4000 \div \square = 80$

（9）$\square + 7.6 = 13.2$

（10）$11.2 - \square = 2$

8 次の□に当てはまる数を答えましょう。(わからなかったら38～39ページへ)

(1) $58 - \square + 21 = 38$

(2) $\square - 74 - 28 = 93$

(3) $48 \div \square \times 6 = 36$

(4) $84 - \square \div 6 = 10$

(5) $\square + 27 \times 8 = 400$

(6) $(58 - \square) \div 8 \times 4 = 20$

(7) $132 - (35 + \square \times 3) \div 4 = 112$

9 次の□に当てはまる数を答えましょう。(わからなかったら40〜43ページへ)

(1) 2008cm＝□m□cm

(2) 6.2km＝□m

(3) 800L＝□kL

(4) 6dL＝□mL

(5) 6m70cm＋1m90cm＝□m□cm

(6) 7km－3km50m＝□km□m

(7) 3m 8cm－25cm＝□m□cm

(8) 5L4dL＋8dL＝□L□dL

(9) 6L3dL＋4L5dL＝□L□dL

(10) 10L2dL－8L7dL＝□L□dL

10 次の□に当てはまる数を答えましょう。(わからなかったら44〜47ページへ)

(1) 50030kg＝□ t □kg

(2) 2.8g＝□mg

(3) 6分25秒＝□秒

(4) 800分＝□時間□分

(5) 1日＝□分

(6) 3kg400g＋650g＝□kg□g

(7) 10kg－8g＝□kg□g

(8) 4時間45分＋2時間55分＝□時間□分

(9) 8分20秒－3分45秒＝□分□秒

(10) 1日6時間20分－17時間50分＝□時間□分

11 次の問いに答えましょう。(わからなかったら50～53ページへ)

(1) たろう君の身長は1m46cmで、これははなこさんよりも6cmひくいそうです。はなこさんの身長は何m何cmですか。

答え　　m　　cm

(2) しんご君、つよし君、ごろう君の3人が国語のテストを受けたところ、しんご君は83点でした。またつよし君の点数はごろう君の点数よりも13点高く、しんご君の点数はごろう君の点数よりも19点高かったそうです。つよし君の点数は何点ですか。

答え　　点

(3) 赤いボールは青いボールよりも70g軽く、黄色いボールは白いボールよりも120g重く、青いボールは白いボールよりも80g軽いそうです。黄色いボールの重さが430gのとき、赤いボールの重さは何gですか。

答え　　g

12 次の問いに答えましょう。（わからなかったら54～57ページへ）

（1） 赤いバケツに入る水のりょうは2Lで、これは青いバケツに入る水のりょうの4倍です。青いバケツに入る水のりょうは何dLですか。

答え ［　　　　dL］

（2） ウサギとカメとチーターが山のふもとから山ちょうまできょう走をしました。カメはちょうど1日かかりましたが、これはウサギがかかった時間のちょうど8倍だったそうです。またウサギがかかった時間はチーターがかかった時間の10倍でした。チーターは何分でゴールしましたか。

答え ［　　　　分］

（3） おふろに水が150L入っています。この水を8L入るバケツですべてくみ出すには、何回水をくみ出せばよいですか。

答え ［　　　　回］

13 次の問いに答えましょう。（わからなかったら58～61ページへ）

(1) かごにボールを４こ入れて重さをはかったところ、1.2kgでした。ボール１この重さが180gのとき、かごの重さは何gですか。

答え ［　　　　g］

(2) りんご１この重さはみかん３この重さと同じで、メロン１ことりんご４この重さの合計は2kg800gです。みかん１この重さが80gのとき、メロン１この重さは何kg何gですか。

答え ［　　kg　　g］

(3) 長さ2mのリボンを同じ長さに切り分けるために、はさみで４回切りました。切り分けられたリボン１つ分の長さは何cmですか。

答え ［　　　　cm］

14 次の問いに答えましょう。(わからなかったら62〜65ページへ)

(1) 次の数を数字で書きましょう。

①七十億六百万四千五

② 五百三十億八十四

③三千二百三億九百八十万

(2) 次の数を数字で書きましょう。

①千を8こと十を7こ集めた数

②一万を26こと十を40こ集めた数

③一万を6こと千を15こ集めた数

④千を80こと百を55こと十を350こ集めた数

15 次の問いに答えましょう。(わからなかったら66〜69ページへ)

(1) あるきまりにしたがって次のように○△□をならべました。

○ △ ○ □ △ ○ △ ○ □ △ ○ △ ○ …

このとき、次の問いに答えましょう。

①左から22番目は○、△、□のどれですか。

②左から数えて12番目の○は全体では何番目ですか。

答え ① [　　　] ② [　　　番目]

(2) あるきまりにしたがって次のように白い玉(○)をならべました。

1番目　2番目　3番目　4番目

このとき、次の問いに答えましょう。

①5番目の図形には白い玉が何こありますか。

②7番目の図形の白い玉は6番目の図形の白い玉より何こ多いですか。

答え ① [　　　こ] ② [　　　こ]

16 次の問いに答えましょう。(わからなかったら70～73ページへ)

(1) 下の図について、それぞれ次のものが大小合わせて何こあるか数えましょう。

①正方形は何こありますか。　②正三角形は何こありますか。

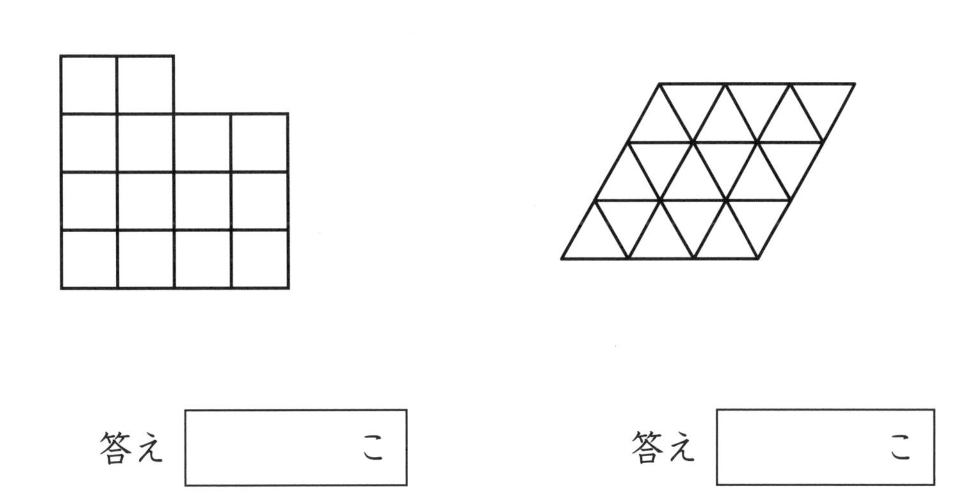

答え [　　　こ]　答え [　　　こ]

(2) [0]、[1]、[2]、[5]、[6]、[7]と書かれたカードが1枚ずつあります。これらをすべて使って3けたの整数を2つ(たとえば256と170のように)作ります。ただし012のように0が百のくらいにくる数は考えません。

このとき、次の問いに答えましょう。

①これら2つの数の合計がもっとも小さくなるとき、その合計はいくつですか。

②これら2つの数のうち大きいものから小さいものをひいた数がもっとも大きくなるとき、その数はいくつですか。

答え ①[　　] ②[　　]

17 次の問いに答えましょう。(わからなかったら74～77ページへ)

(1) 右の図のように箱に同じ大きさのボールがすき間なく入っています。

①ボール1この半けいは何cmですか。

②図の㋐の長さは何cmですか。

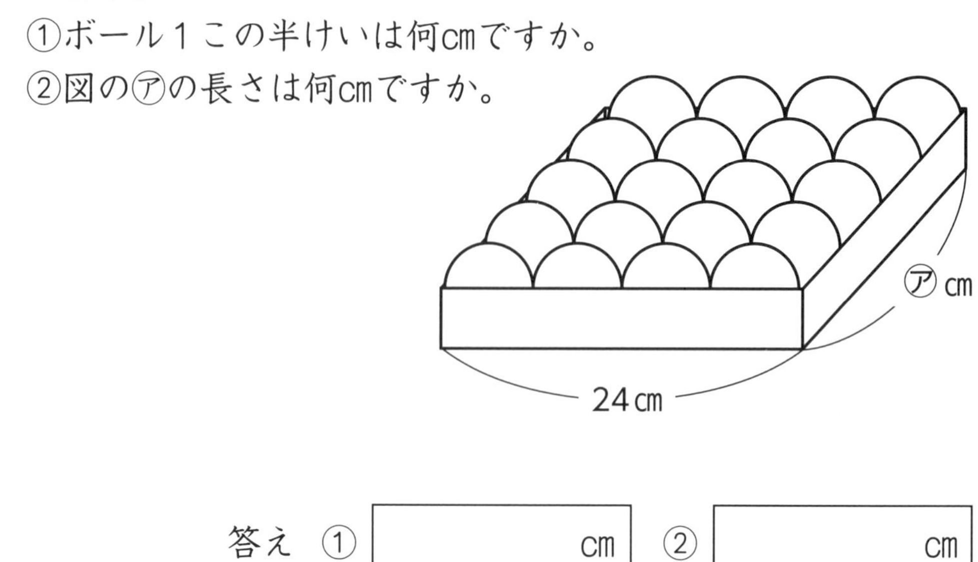

答え ① [　　　　cm] ② [　　　　cm]

(2) 下のそれぞれの図について、まわりの長さは何cmですか。ただしすべての角が直角です。

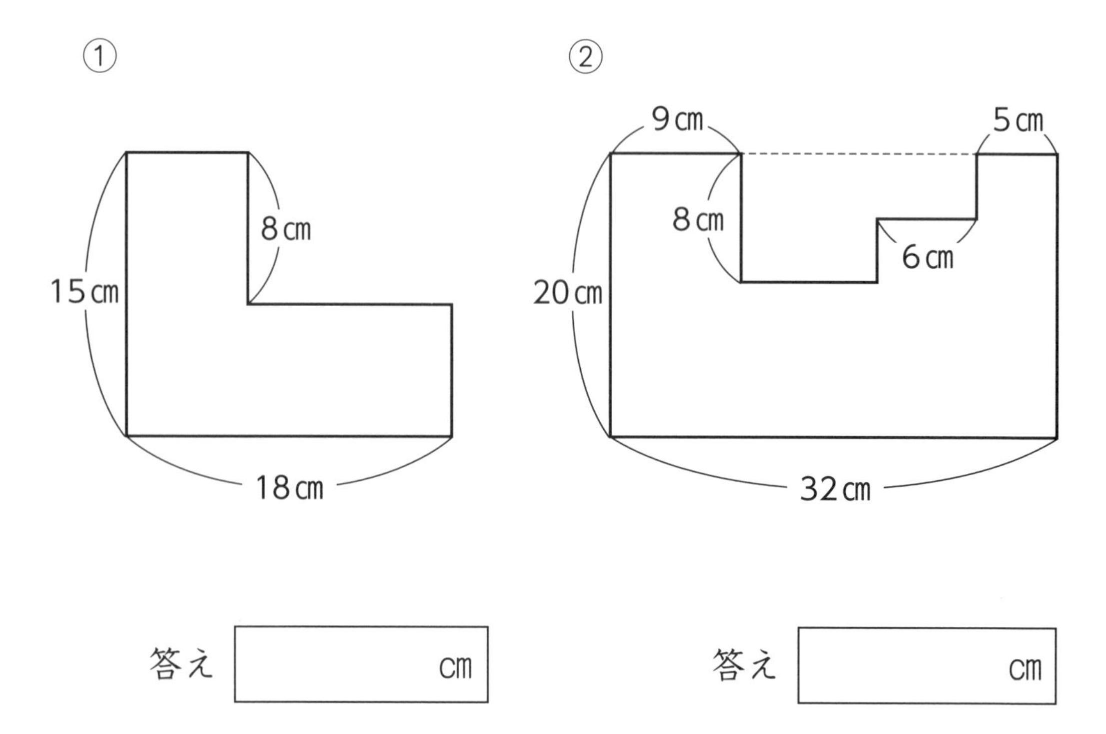

答え [　　　　cm]　　答え [　　　　cm]

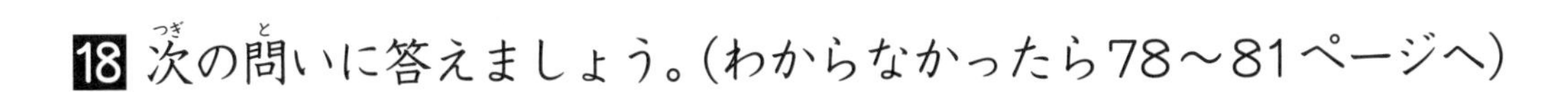

18 次の問いに答えましょう。(わからなかったら78～81ページへ)

(1) 次の筆算が正しくなるように、□に当てはまる数を入れましょう。

①

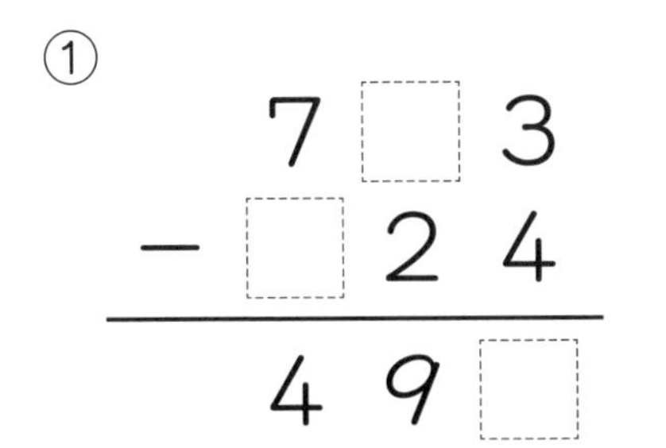

②

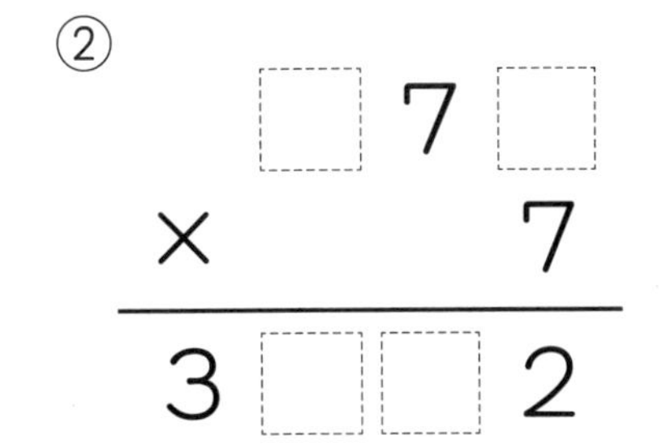

(2) ア、イ、ウ、エ、オはそれぞれ1から9までのいずれかの整数を表し、同じ記号は同じ数を、ちがう記号はちがう数を表しています。これらの記号について、次の計算がなり立っています。

ア ＋ イ ＝ ウ　　　イ × ウ ＝ オ

エ × ア ＝ エ　　　エ − オ ＝ イ

このとき、ア～オの記号が表す数はそれぞれ何ですか。

答え　ア＝　　イ＝　　ウ＝　　エ＝　　オ＝

19 はち君とありんこさんは図の地点から同時に出発し、次のルールにしたがってマス目を進みます。

- 2ひきとも、マス目にそって、たてか横にまっすぐ進みつづけます。
- 2ひきとも、ケーキを見つけると右に、お花を見つけると左にまがります。
- はち君が1マス進む間に、ありんこさんも1マス進みます。

このとき、2ひきが色のついたマス目で出会うことができるように、図の中にケーキかお花を1つだけ書き入れましょう。(わからなかったら84～89ページへ)

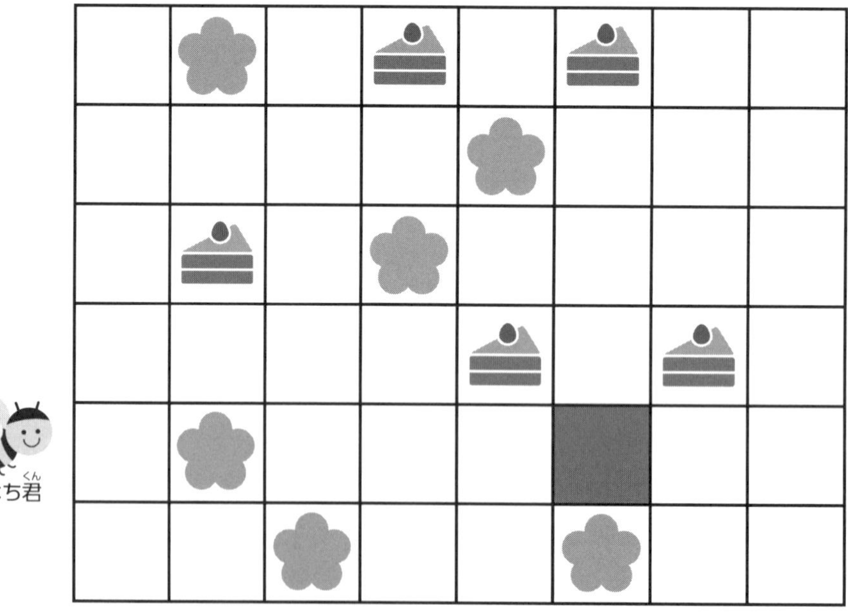

20 《　　》は《　　》の中の数の、十のくらいの数と一のくらいの数をたすことを表(あらわ)すものとします。たとえば次(つぎ)の通りです。

《72》＝7＋2＝9　《1234》＝3＋4＝7　《12×3》＝《36》＝9

このとき、次(つぎ)の問(と)いに答えましょう。（わからなかったら90～95ページへ）

（1）次(つぎ)のあたいをもとめましょう。

①《732×39》

②《132＋43》×《613＋187》

答え　①［　　　］　②［　　　］

（2）《576－A》＝1となるAのうち、もっとも小さい数は何ですか。

答え［　　　］

（3）《73＋B》×《113－B》＝0となるBのうち、2けたのものをすべて答えましょう。

答え［　　　］

21 1〜5の目が書かれた面が1つずつと、「×２」と書かれた面が1つの、合わせて6つの面からできたさいころがあります。このさいころをふって1〜5までの面が出たときにはそれぞれの目を点数としてくわえ、「×２」の面が出たときには今持っている点数を2倍することにします。

0点から始めてこのさいころを3回ふり、出た目のじゅんに点数を計算します。たとえば次のれいの通りです。

（れい）

①「3」「×２」「5」のじゅん番で出たとき

$0 \underset{+3}{\rightarrow} 3 \underset{\times 2}{\rightarrow} 6 \underset{+5}{\rightarrow} 11$　11点

②「×２」「2」「×２」のじゅん番で出たとき

$0 \underset{\times 2}{\rightarrow} 0 \underset{+2}{\rightarrow} 2 \underset{\times 2}{\rightarrow} 4$　4点

このとき次の問いに答えましょう。（わからなかったら96〜101ページへ）

(1) さいころを3回ふったときの点数として考えられるもののうち、もっとも高い点数は何点ですか。

答え　［　　　　点］

(2) はなこさんがさいころを3回ふったところ、14点になりました。またこの3回のうち、1回だけ「×２」の目が出たことがわかっています。このような目の出方として考えられるものは何通りありますか。

答え　［　　　　通り］

22 たろう君の月曜日の時間わりは5時間目まで、算数、理科、図工、体育、音楽の5教科を勉強します。次のヒントをよく読んで、たろう君が一番すきな教科を書きましょう。(わからなかったら102～107ページへ)

①たろう君は2時間目の教科が一番すき。
②音楽は4時間目。
③体育の次に算数のじゅ業がある。
④理科は1時間目でも5時間目でもない。

答え [　　　　]

23 けんた君、とおる君、ゆうと君、りく君がおつかいに行き、牛にゅう、たまご、パン、バターのどれか1つを買いました。次のヒントをよく読んで、4人が買ったものは何かを答えましょう。(わからなかったら108～113ページへ)

①同じものを買った人はいませんでした。
②けんた君が買ったのは牛にゅうでもたまごでもありません。
③とおる君が買ったのは牛にゅうでもパンでもありません。
④りく君はたまごを買いました。

答え　けんた君 [　　　]　とおる君 [　　　]

ゆうと君 [　　　]　りく君 [　　　]

24 同じ大きさの立方体を下の図のようにすきまなくつみました。このとき、次の問いに答えましょう。（わからなかったら114〜119ページへ）

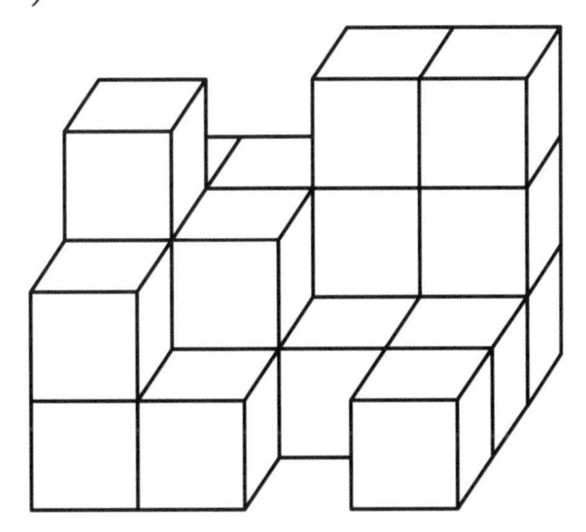

（1）この立体には何この立方体が使われていますか。

答え　　　　　こ

（2）この立体をこわさず、その上に同じ大きさの立方体を何こかくわえて全体で1つの大きな立方体になるようにしたいと思います。そのためにはもっとも少なくてあと何この立方体を使えばよいですか。

答え　　　　　こ

模擬テスト（時間…40分）

※かい答用紙は別冊についています。取りはずして使ってください。

- 問題は全部で14ページです。
- 答えはすべてかい答用紙に書きましょう。問題用紙のあいているところに式や筆算などを書いてもかまいません。
- 答えはかい答らんにおさまるように、こく、はっきりと書きましょう。

1 次の□に当てはまる数を答えましょう。

(1) 8634－793＝□

(2) 637×84＝□

(3) 84÷7＝□

(4) 537－□＋284＝337

(5) 128－48÷8＝□

(6) (84－□)×6＝96

(7) 10.8m＝□cm

(8) 10kg－2kg70g＝□kg□g

2 次の問いに答えましょう。

(1) さとる君は毎日50円ずつちょ金することにしました。4週間後までにいくらちょ金をすることができますか。

(2) あるリボンをみゆきさんとゆかりさんの2人で分けることにしました。みゆきさんのもらったリボンの長さは2m40cmで、これはゆかりさんのもらったリボンの長さのちょうど2倍だったそうです。分ける前のリボンの長さは何m何cmでしたか。

(3) ともき君は180ページの本を8月4日から毎日8ページずつ読むことにしました。ともき君がこの本を読み終えるのは何月何日ですか。

(4) あきら君は午前10時30分に東町を出発し、2時間40分かけて中町に着きました。かずお君は西町から3時間20分かけて中町に着きましたが、あきら君よりも20分早く中町に着いたそうです。かずお君が西町を出発した時こくは午前何時何分ですか。

(問題2は次のページにつづく)

(問題**2**のつづき)

(5) 次のようにあるきまりにしたがって数を33こならべました。
2，4，3，2，3，2，4，3，2，3，2，4，3，2，……
この中に「3」は何こありますか。

(6) 下の図1の中に正方形は大小合わせて何こありますか。

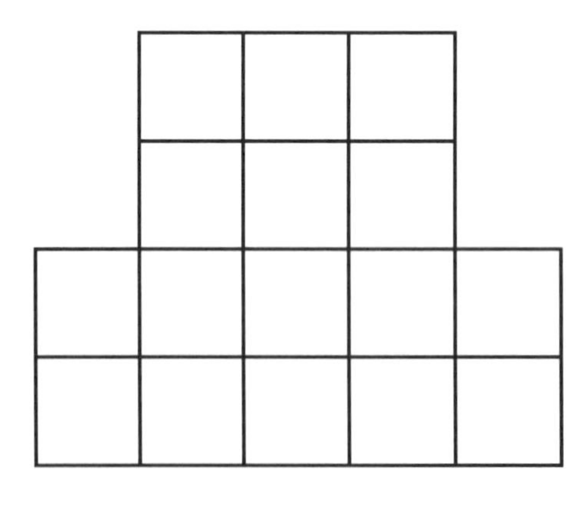

(図1)

(7) 下の図２の図形はすべての角が直角です。この図形のまわりの長さが76㎝のとき、㋐の長さは何㎝ですか。

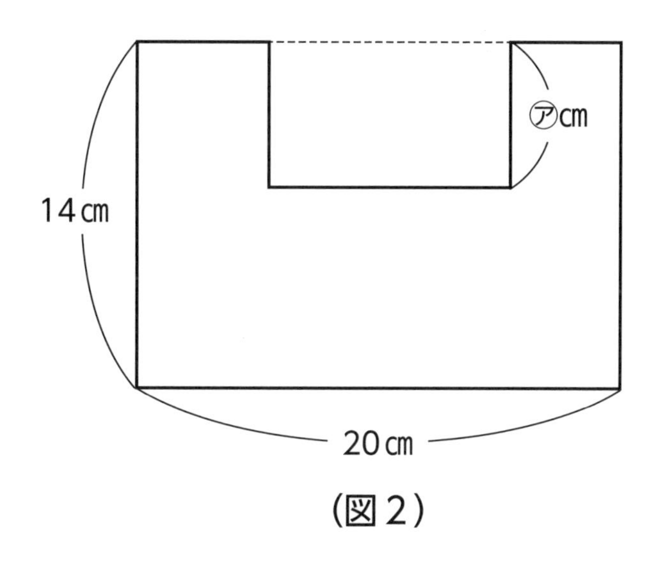

(図２)

3 次の図のようなすごろくがあります。

ふりだし 0	1	2	3	4	5	6	ふりだしにもどる 7	あがり 8

図のように0のマスが「ふりだし」、8のマスが「あがり」で、7のマスに止まってしまうと「ふりだし」にもどってしまいます。

このすごろくでは1から6までの目が1つずつ書かれたさいころを使います。さいしょコマは「ふりだし」にあり、さいころをふって出た目の数だけコマを進めていきます。8のマスにちょうど止まると「あがり」ですが、8をこえてしまった場合はそのこえた分だけ8からもどってしまいます。

たとえば6のマスに止まっているときにさいころをふって5の目が出たとすると、6→7→8→7→6→5と進み、5のマスにい動します。また6のマスに止まっているときにさいころで3の目が出ると、6→7→8→7の7のマスに止まってしまうので、「ふりだし」にもどることになります。

このとき、次の問いに答えましょう。

(1) いちろう君は4、6、ア のじゅんに目が出たので、3回で「あがり」になりました。ア に当てはまる数は何ですか。

(2) だいすけ君(くん)は5、イ、5、3のじゅんに目が出たので、4回で「あがり」になりました。イに当てはまる数として考えられるものをすべて答えましょう。

(3) はなこさんはさいころを2回ふっただけで「あがり」になりました。このときはなこさんのさいころの目の出方として考えられるものは何通りありますか。ただし、「1回目が3で2回目が4」と「1回目が4で2回目が3」のように、目の出たじゅん番がちがうものはことなる目の出方と数えることにします。

(4) ゆきこさんは4、ウ、エ、2のじゅんに目が出たので、4回で「あがり」になりました。ウ、エに入る数の組み合わせとして考えられるものは何通りありますか。ただしウとエには同じ数が入ってもよいものとします。

4 右の図のようなさいころを考えます。ただしさいころは向かい合う面に書かれた数の合計が7になるように作られています。

(1) 下のア～エの中で、組み立てたときにさいころができるものはどれですか。ただし数字の向きは考えないものとします。

ア

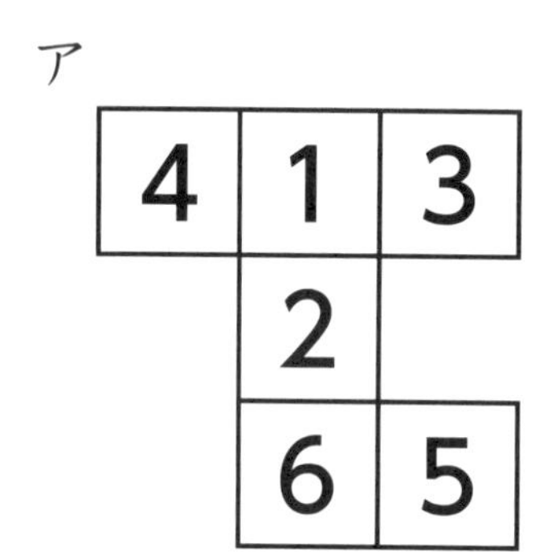

イ

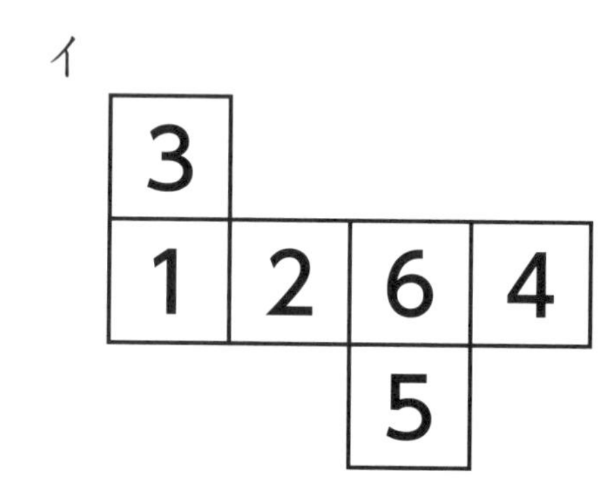

ウ

4 1 3
5 6 2

エ

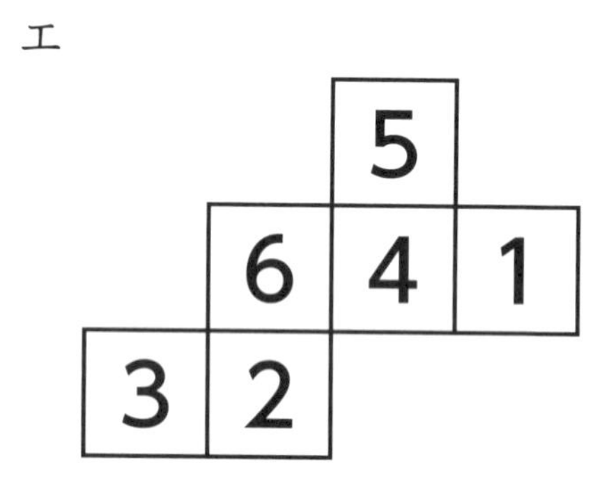

(2) このさいころを右のマス目にそって転がしました。さいころがA、Bのマスに来たとき、さいころの上の面に書かれた数はそれぞれ何ですか。たとえばさいしょのいちにあるとき、さいころの上の面に書かれた数は1です。

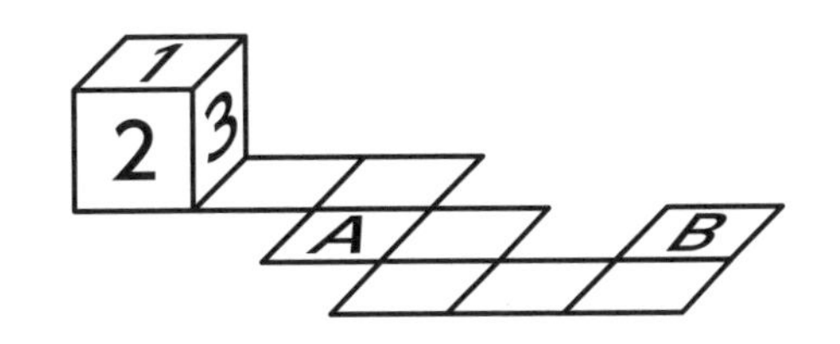

(3) このさいころを4こ用意し、同じ数字が書かれた面どうしをはり合わせて右のようにならべました。このとき、ア～ウの面に書かれている数字はそれぞれ何ですか。ただし数字の向きは考えないものとします。

5 あきら君、かつや君、さとし君の３人が次のようなゲームをしました。

①表に１から５までの数字が書かれたカードを２まいずつ用意して、下の図のようにうら向きにならべました。

上のだん	ア	イ	ウ	エ	オ
下のだん	カ	キ	ク	ケ	コ

②この10まいのカードから２まいをえらんで表に向け、同じ数字が書かれていた場合はそのカードを取りのぞき、ちがう数字が書かれていた場合はそのカードをうら向きにもどします。

③あきら君、かつや君、さとし君、のじゅんで②を行い、同じ数字が書かれたカードをめくった場合は同じ人がもう１度行い、ちがう数字が書かれたカードをめくった場合は次の人にうつるものとします。ただしさとし君の次はあきら君がめくるものとし、すべてのカードが取りのぞかれるまでつづけるものとします。

い下はこのゲームが進んだ様子についてせつ明したものです。

さいしょの１しゅう目は次のように進みました。

　さいしょにあきら君は[イ]と[ク]のカードをめくりましたが、２まいの数字はちがっており、その合計は４でした。
　次にかつや君は[エ]と[カ]のカードをめくりましたが、２まいの数字はちがっており、その合計は９でした。
　その次にさとし君はたてにならんでいる２まいのカードをめくったところ、同じ数字が書かれていたので取りのぞきました。この２まいはいずれもこれまでにめくられていないものです。
　さらにさとし君は上のだんにあるまだめくられていない２まいをめくりましたが、数字はちがっていました。この２まいのうち１まいには５が書かれていました。

このとき、次の問いに答えましょう。

(1) さとし君がそろえた同じ数字は何ですか。またその数字が書かれていたカードはどれとどれですか。

（問題**5**は次のページにつづく）

(問題**5**のつづき)

(1)の後、次のじゅんにゲームは進みました。

あきら君は下のだんで横にならんでいる2まいをめくったところ、同じ数字だったので取りのぞきました。この2まいに書かれた数字の合計は2でした。
さらにあきら君は上のだんと下のだんのカードを1まいずつめくりましたが、数字はそろいませんでした。この2まいのうち、下のだんに書かれていた数字は5でした。
次にかつや君が2まいめくったところ、2まいとも5でそろったため取りのぞきました。この2まいはたてにも横にもならんでいませんでした。
さらにかつや君は下のだんの1まいをめくったところ、その数字の書かれたもう1まいのカードはすでにめくられていたのですが、それに気づかずに真上のカードをめくってしまったので、そろいませんでした。
そこで、さとし君はのこった2組のカードをすべてそろえてゲームが終りょうしました。この2組はいずれもたてにも横にもならんでいませんでした。

このとき、次の問いに答えましょう。

(2) かつや君がそろえた５のカードはどれとどれですか。ア から コ までから２つえらびましょう。

(3) ４と書かれたカードはどれとどれですか。ア から コ までから２つえらびましょう。

西村則康（にしむら・のりやす）

プロ家庭教師集団「名門指導会」代表
塾ソムリエ
中学受験情報局「かしこい塾の使い方」主任相談員

30年以上、難関中学・高校受験指導一筋のカリスマ家庭教師。日本初の「塾ソムリエ」としても活躍中。暗記や作業だけの無味乾燥な受験学習では効果が上がらないという信念から、「なぜ」「だからどうなる」という思考の本質に最短で入り込む授業を実践している。また、受験を通じて親子の絆を強くするためのコミュニケーション術もアドバイス。これまで開成中、麻布中、武蔵中、桜蔭中、女子学院中、雙葉中、灘中、洛南高附属中、東大寺学園中などの最難関校に2500人以上を合格させてきた実績を持つ。テレビや教育雑誌、新聞でも積極的に情報発信を行っており、保護者の悩みに誠実に回答する姿勢から熱い支持を集めている。また、中学受験情報サイト『かしこい塾の使い方』は16万人以上のお母さんが参考にしている。

中学受験
入塾テストで上位クラスに入る
スタートダッシュ[算数]

2018年11月1日　第1刷
2024年1月30日　第3刷

著　者　西村則康
発行者　小澤源太郎

責任編集　株式会社 プライム涌光
電話　編集部　03(3203)2850

発行所　株式会社 青春出版社

東京都新宿区若松町12番1号　〒162-0056
振替番号　00190-7-98602
電話　営業部　03(3207)1916

印刷　大日本印刷　　製本　フォーネット社

万一、落丁、乱丁がありました節は、お取りかえします。
ISBN978-4-413-11272-7　C0037

中学受験
入塾テストで上位クラスに入る
スタートダッシュ［算数］別冊

各章「れんしゅう」の解答・解説
（P2～20）

第４章「問題集」の解答・解説
（P21～28）

第４章「模擬テスト」の解答用紙
（P16～17）
※取りはずしてご使用ください

第４章「模擬テスト」の解答・解説
（P29～32）

青春出版社

第１章 計算問題 の解答・解説

1　たし算・ひき算

【れんしゅう１】(16ページ)

❶ 89　❷ 81　❸ 130

❹ 54　❺ 32　❻ 78

【れんしゅう２】(17ページ)

❶ 3446　❷ 6261

❸ 8106　❹ 5916

解説

筆算では次の２点に注意して見てあげてください。

①数字は同じ大きさで、たてにそろっていますか。

②繰り上がり、繰り下がりの数字は他より小さくなっていますか。

2　かけ算

【れんしゅう１】(18ページ)

❶ 240　❷ 400　❸ 1200

❹ 86　❺ 84　❻ 222

【れんしゅう２】(19ページ)

❶ 1428　❷ 2124

❸ 6909　❹ 30628

解説

筆算の注意点はたし算・ひき算と同じです。２桁をかける際にはどの位置に数字を書くか気をつけましょう。

3　わり算

【れんしゅう１】(21ページ)

❶ 2　❷ 2あまり10

❸ 3　❹ 6

❺ 7　❻ 4あまり300

❼ 5あまり500

【れんしゅう２】(23ページ)

❶ 12　❷ 28あまり1

❸ 125　❹ 164あまり1

❺ 107　❻ 230あまり2

【れんしゅう３】(25ページ)

❶ 42　❷ 39あまり1

❸ 60あまり5　❹ 247

❺ 566あまり2　❻ 504あまり5

解説

【れんしゅう２】【れんしゅう３】では、商がどの位にたつのかに注意しましょう。また、たてにまっすぐに書かれているかにも注意してください。4年生以降に小数のわり算を学習する際に大切になります。

4　小数と分数

【れんしゅう1】(26ページ)

❶ 9　❷ 3.9

❸ 11.6　❹ 11.4

【れんしゅう2】(27ページ)

❶ $\frac{5}{7}$　❷ $\frac{5}{9}$　❸ 1

❹ $\frac{1}{3}$　❺ $\frac{2}{5}$　❻ $\frac{3}{13}$

解説

小数のたし算・ひき算を筆算するときには、小数点の位置でそろえることに注意しましょう。

5　計算のきまり

【れんしゅう1】(29ページ)

❶ 78　❷ 96　❸ 4

❹ 42　❺ 76　❻ 18

【れんしゅう2】(31ページ)

❶ 141　❷ 3

❸ 22　❹ 42

【れんしゅう3】(33ページ)

❶ 1572　❷ 4700　❸ 5800

❹ 7700　❺ 7300

解説

【れんしゅう１】【れんしゅう２】で答えがなかなか合わない場合は、次のように先に計算の順序を書いてみるようにしましょう。

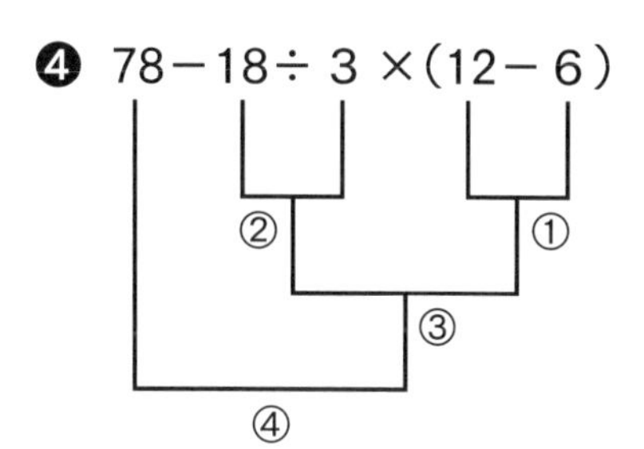

また【れんしゅう３】では答えが合っているかだけでなく、次のように工夫ができているかにも注意してください。

❶ 384＋616を先に計算します。

❷ 4×25を先に計算します。

❸ 58×(46＋54)とまとめます。

❹ (238－138)×77とまとめます。

❺ (84－39＋55)×73とまとめます。

6　□をもとめる計算

【れんしゅう1】(35ページ)

❶ 36　❷ 39　❸ 137

❹ 68　❺ 189　❻ 1072

❼ 600

【れんしゅう2】(37ページ)

❶ 4　❷ 10　❸ 32

❹ 12　❺ 30　❻ 20

❼ 32000

【れんしゅう3】(39ページ)

❶ 14　❷ 12　❸ 41

❹ 11　❺ 4

解説

□を求める計算では、出た答えを□に入れて計算してみることで確かめを行うことができます。

【れんしゅう3】で答えが合わない場合、次のように計算順序を書き込んでから考えるようにしましょう。

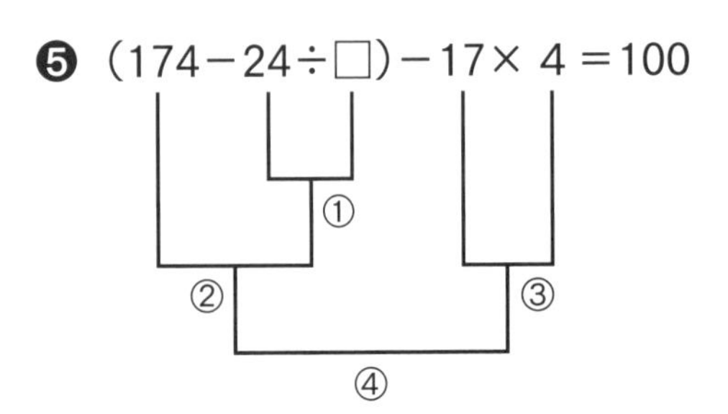

7　いろいろなたんい

【れんしゅう1】(41ページ)

❶ 4700　❷ 80, 5

❸ 72　❹ 6.2

❺ 8, 4　❻ 6, 60

❼ 4, 910

【れんしゅう2】(43ページ)

❶ 40　❷ 58

❸ 3　❹ 3, 8

❺ 2, 9　❻ 6, 3

❼ 3300

【れんしゅう3】(45ページ)

❶ 30.5　❷ 10000

❸ 4008　❹ 5, 200

❺ 6, 770　❻ 3, 200

❼ 9.3

【れんしゅう4】(47ページ)

❶ 195　❷ 5, 40

❸ 54　❹ 10, 20

❺ 1, 30　❻ 7, 20

❼ 10, 39, 15

解説

単位は計算できるだけでなく、「だいたいどのくらいか」という感覚を身につけておくことが大切です。このような感覚が身についていると文章題などで明らかにおかしい答えが出てしまったときに気づくことができます。

いろいろな単位が出てきましたが、「k(キロ)」がつくと元の単位の1000倍、「m(ミリ)」がつくと1000分の 1 になることはすべて共通しています。このような関連を見つけるとより理解が深まります。

第2章　一行問題 の解答・解説

1　たし算・ひき算の文章題

【れんしゅう1】(51ページ)

❶ 986円　　❷ 4m10cm

解説

❶ 下の図のようになるので、734＋252＝986円です。

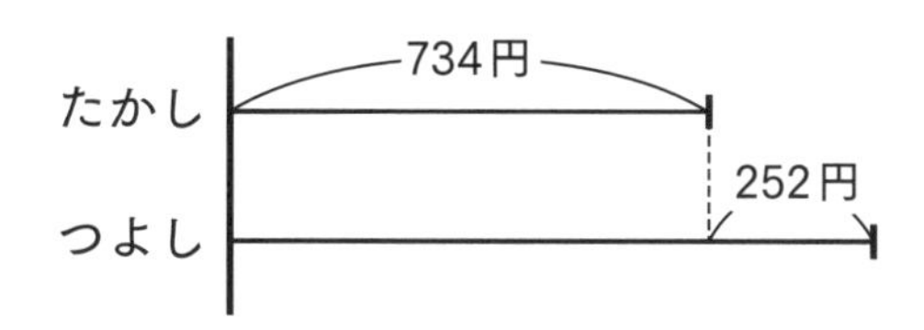

❷ 下の図のようになるので、2m70cm＋1m40cm＝4m10cmです。

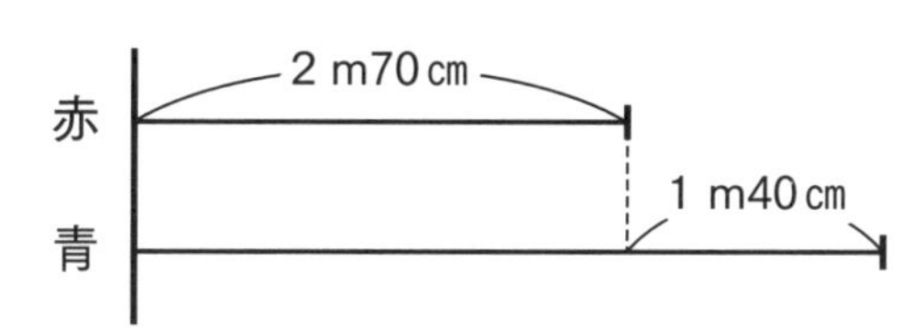

【れんしゅう2】(53ページ)

❶ 80こ　　❷ 76点

解説

❶ 下の図のようになります。

54＋17＝71個…しおりさん

71＋9＝80個 …すみれさん

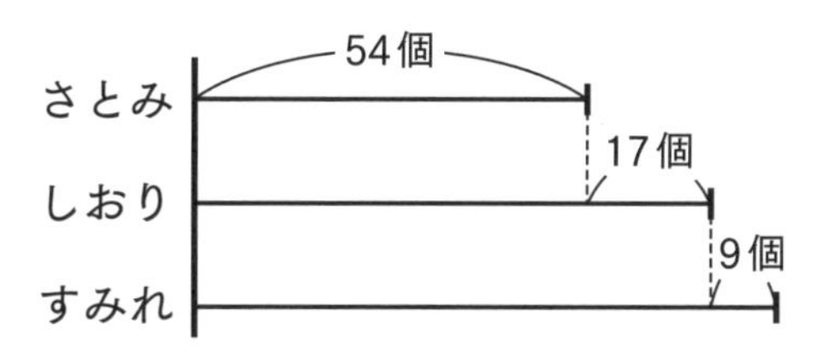

❷ 下の図のようになります。

73＋8＝81点…社会

81－14＝67点…理科

67＋9＝76点…算数

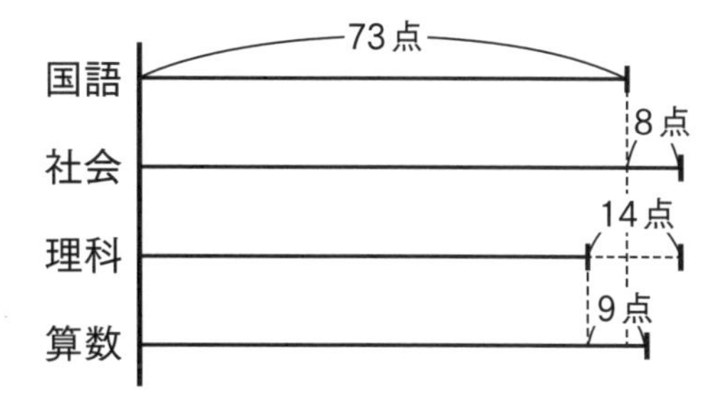

2　かけ算・わり算の文章題

【れんしゅう1】(55ページ)

❶ 16本　　❷ 72こ

解説

❶ 下の図のようになるので48÷3＝16本です。

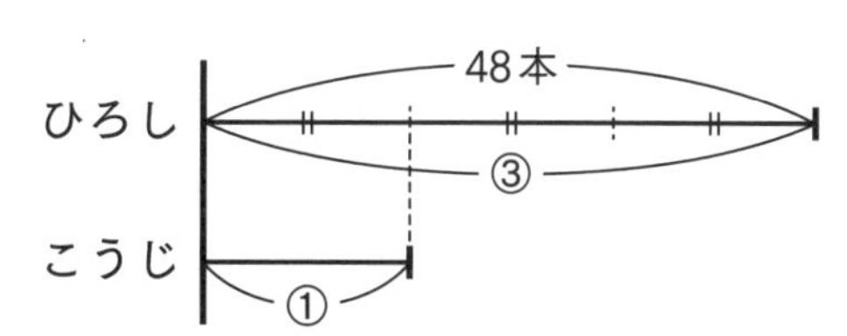

❷ 下の図のようになります。

48÷2＝24個…かよこさん

24×3＝72個…さゆりさん

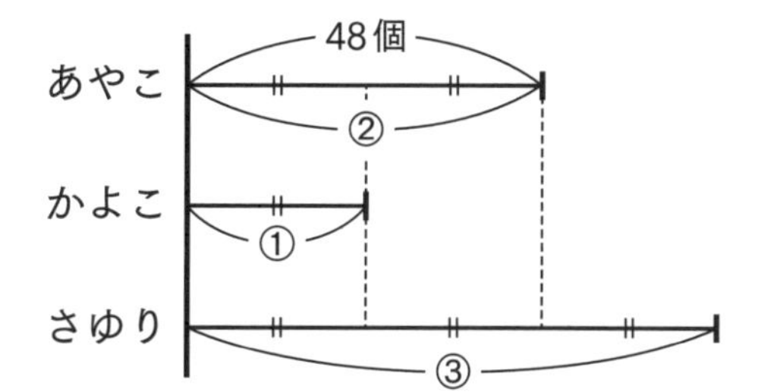

【れんしゅう２】(57ページ)

❶ 62こ　❷ 106きゃく

解説

❶ 440÷7＝62あまり６

あまりの６gではおかしを作ることはできないので、62個です。

❷ 528÷5＝105あまり３

あまりの３人を座らせるには長いすが１きゃく必要です。

105＋１＝106きゃく

３　いろいろな文章題

【れんしゅう１】(59ページ)

❶ 65cm　❷ 15dL

解説

❶ ４m＝400cmなので、400－10＝390cmを６人で分けることになります。

よって390÷６＝65cmです。

❷ ２L＝2000mLより、ペットボトルに入ったジュースの合計は2000×３＝6000mLです。

配ったジュースの合計は250×18＝4500mLなので、残ったジュースは6000－4500＝1500mL＝15dLになります。

【れんしゅう２】(61ページ)

❶ 168ページ　❷ 70秒

解説

❶ ８月20日は８月７日の20－７＝13日後なので、８月７日を合わせると13＋１＝14日間あります。

よって本は12×14＝168ページです。

❷ １階から５階まで上るのに間は５－１＝４個あるので、間１個について20÷４＝５秒かかります。

１階から15階までの間は15－１＝14個なので、５×14＝70秒です。

４　大きな数

【れんしゅう１】(63ページ)

❶ ① 四千七十二億五百九十万三百

② 二百五億七千八百十四

❷ ① 205090010040

② 800900004036

解説

❶ 次のように下から４桁ごとに区切って考えるとわかりやすいです。

① 4072　/　0590　/ 0300

② 205　/　0000　/　7814

❷ ０の個数が正しいか注意して見てください。

【れんしゅう2】(65ページ)

❶ 5003100900

❷ 10007002000

❸ 22910

❹ 12800

解説

❸ 千を22個集めると22000、百を4個集めると400、十を51個集めると510なので、22000＋400＋510＝22910です。

❹ 千を5個集めると5000、百を78個集めると7800なので、5000＋7800＝12800です。

5　きまりを見つける

【れんしゅう1】(67ページ)

❶ 11こ　　❷ 6こ

解説

❶ ●●○●○○の6個で繰り返しています。

これに気をつけて20個並べると次のようになるので、●は11個です。

●●○●○○ ｜ ●●○●○○ ｜
●●○●○○ ｜ ●●

❷「1, 4, 3, 3, 2」の5個で繰り返しています。

これに気をつけて4が4回出てくるまで書くと次のようになるので、そこまでに3は6個並んでいます。

1，4，3，3，2 ｜ 1，4，3，3，2 ｜
1，4，3，3，2 ｜ 1，4

【れんしゅう2】(69ページ)

❶ 13こ　　❷ 25まい

解説

それぞれ6番目、5番目は次の図のようになります。

❶

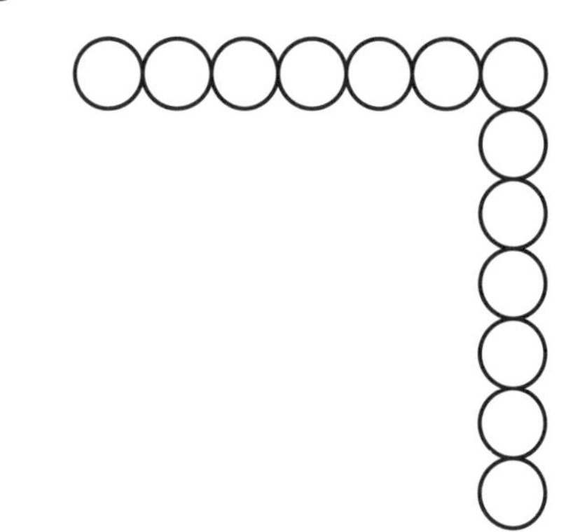

❷

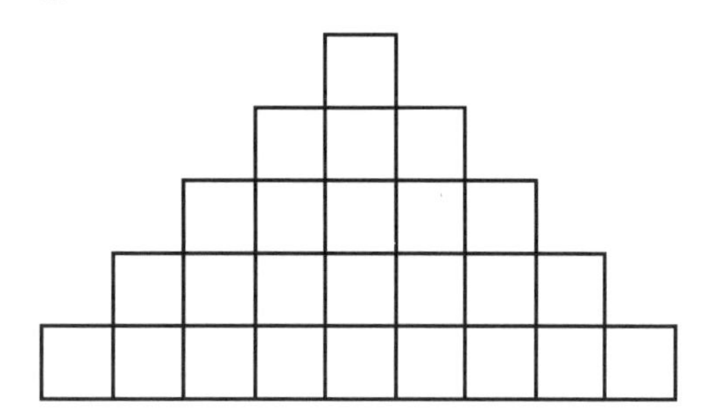

6　場合の数

【れんしゅう１】(71ページ)

❶ 26こ　　❷ 27こ

解説

大きさ、向きに気をつけて調べましょう。

❶

□ ……15個

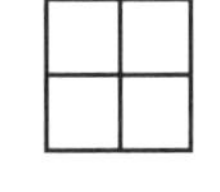
……８個

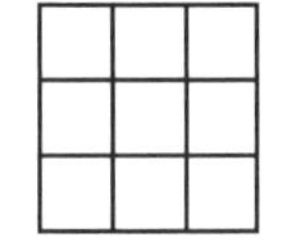
……３個

合わせると15＋８＋３＝26個です。

❷

△ ……16個

……７個

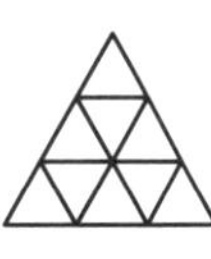
……３個

……１個

合わせると16＋７＋３＋１＝27個です。

１辺２マスの正三角形を数えるときに、次の図のような逆向きのものがあることを忘れないようにしましょう。

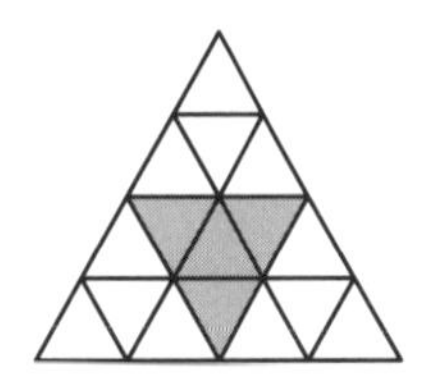

【れんしゅう２】(73ページ)

❶ ①381　②47　　❷ 128

解説

❶ ①百の位→十の位→一の位の順に小さい数から大きい数がくるように決めます。百の位に１と２、十の位に３と４、一の位に５と６がくるように決めて、例えば135＋246などが最も小さくなります。

②百の位は差が１になるようにし、十の位→一の位の順で「なるべく小さい数－なるべく大きい数」となるように決めます。

十の位は１と６、一の位は２と５を使うようにして、412－365とすると最も小さいです。

❷ かける数(右側)によって場合分けし、左側は残った３枚で最も大きい数を作って調べます。

右側が1のとき、43×１＝43が最大

右側が2のとき、43×２＝86が最大

右側が3のとき、42×３＝126が最大

右側が4のとき、32×４＝128が最大

よって最も大きい数は128です。

7　図形のせいしつ

【れんしゅう１】(75ページ)

❶ ①24㎝　②12㎝

❷ ①３㎝　②30㎝

解説

❶ ①「小さい円の直径＝２番目に大きい円の半径」になっているので、小さい円の直径は８㎝です。最も大きい円の直径は小さい円の直径３個分になっているので、8 × 3 ＝24㎝です。

②小さい円の半径は８÷２＝４㎝です。アイはこの半径３個分の長さなので、4 × 3 ＝12㎝です。

❷ ①球の直径は18÷３＝６㎝なので、半径は６÷２＝３㎝です。

②横には5個並んでいるので、6 × 5 ＝30㎝です。

【れんしゅう２】（77ページ）

❶ 52㎝　　❷ 32㎝

解説

❶ はすべての辺の長さを求めてから出すこともできますが、次のように移動してから考えるとうまく計算できます。

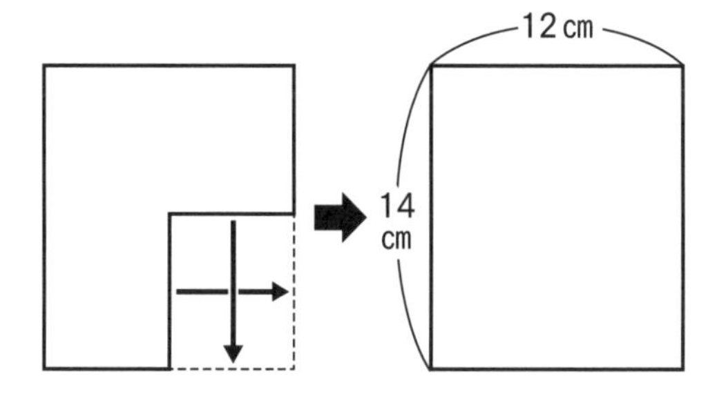

(14＋12)× 2 ＝52㎝

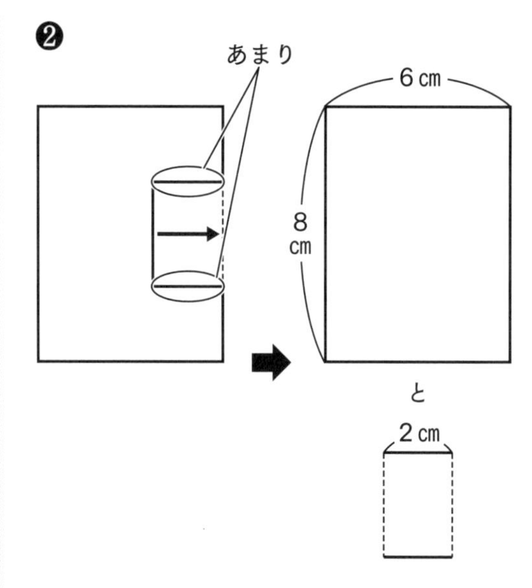

（8＋6）× 2 ＋ 2 × 2 ＝32㎝

8　すい理

【れんしゅう１】（79ページ）

❶

	3	6	7
＋	9	5	6
1	3	2	3

❷

	7	9	3
−	1	4	8
	6	4	5

❸

	7	8	6
×			8
6	2	8	8

解説

❶ 一の位は□＋6の一の位が3なので、7です。

このとき十の位に1繰り上がるので、十の位については□＋5＋1の一の位が2、つまり6です。

さらに百の位にも1繰り上がるので、3＋□＋1＝13より9です。

❷ 一の位は3－□＝5ですが、十の位から1繰り下がると考えると13－□＝5より8です。

十の位は1繰り下げられたので、□－1－4＝4より9です。

百の位は何も繰り下げられなかったので、7－1＝□より6です。

❸ 一の位を見ると6×□の一の位が8より3か8です。しかし3桁の数に3をかけても1000×3＝3000より小さいので、千の位が6になることはありません。よってかける数は8です。

このとき十の位まで計算すると百の位には6繰り上がるので、百の位について□×8＋6を計算した結果が60～69となります。このような□は7で、このとき786×8＝6288です。

【れんしゅう2】(81ページ)

❶ ☆＝5、★＝2、◇＝3、◆＝1、◎＝4

❷ ○＝1、◎＝3、★＝4、■＝6

解説

❶ ★－◆＝◆より、1から5まででこれを作ろうとすると、2－1＝1または4－2＝2のいずれかです。

ここで◇－★＝◆を見ると、◇－2＝1だと◇＝3となりますが、◇－4＝2だと◇＝6となり条件に合いません。

よって★＝2、◆＝1、◇＝3と決まります。

残りは4と5ですが、1＋◎＝☆となるように決めると◎＝4、☆＝5です。

❷ ○×★＝4となるちがう数字の組み合わせは1と4しかありませんが、★－◎＝○より★は○より大きいので★＝4、○＝1です。

4－◎＝1より◎＝3で、3＋■＝9より■＝6です。

第3章　応用問題 の解答・解説

1　ルール通りに進む

【れんしゅう1】（88ページ）

❶㋑　　❷㋐

解説

それぞれ次の通り動きます。

❶

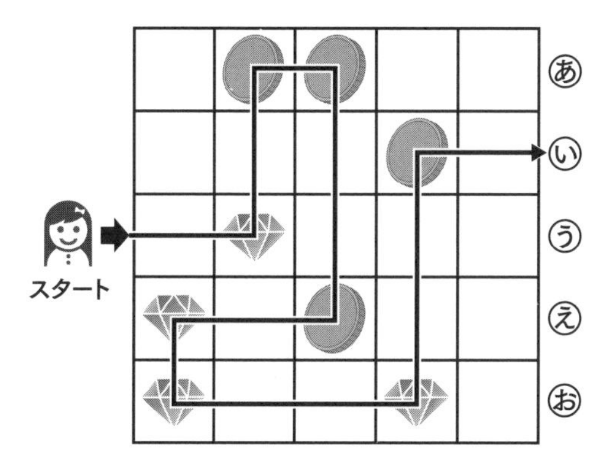

❷

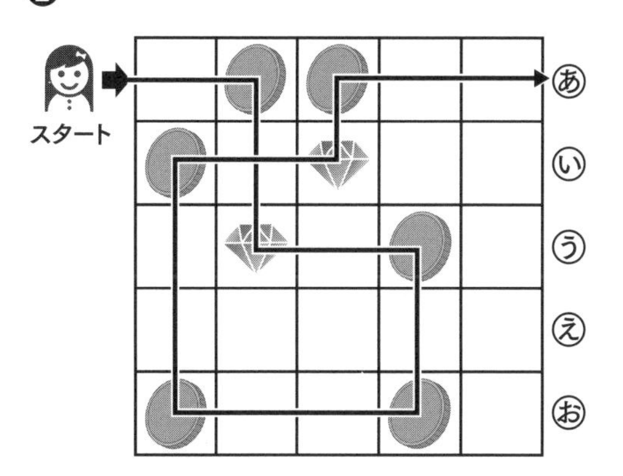

【れんしゅう2】（89ページ）

❶

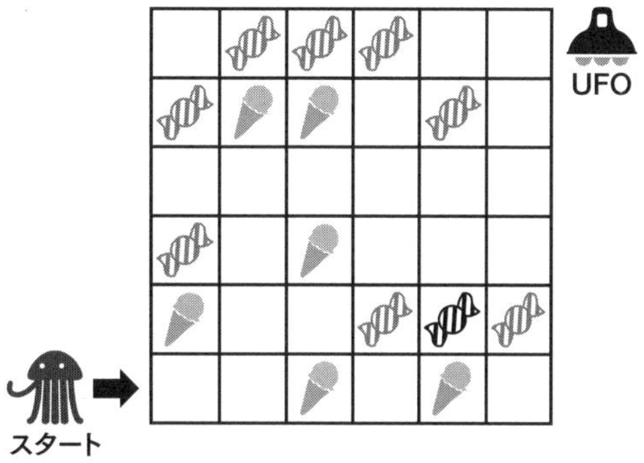

❷

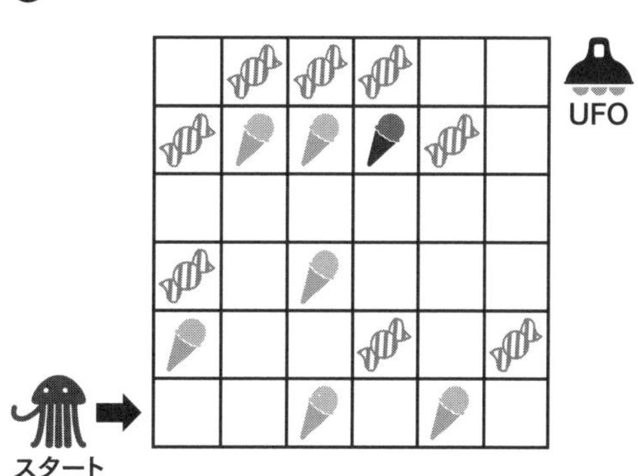

解説

「スタートから行くことのできる道順」と「ゴールに着くことのできる道順」を書き込むと次のページの図のようになります。

この2つが交わったところに「あめ」か「アイス」を置くとよいです。

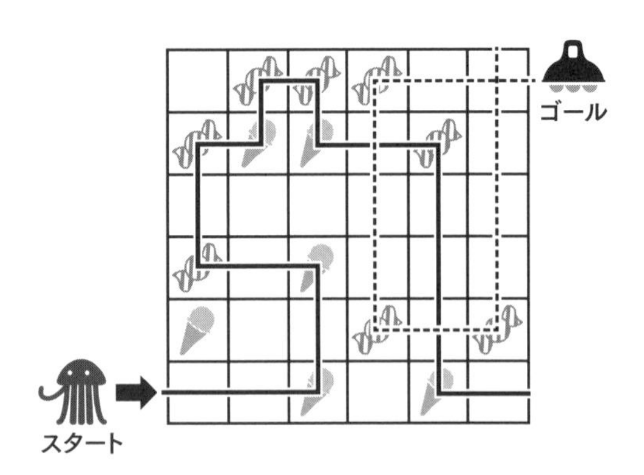

2　ルール通りに計算する

【れんしゅう1】(94ページ)

❶ ロボットA　22

ロボットB　650

❷ 7

解説

❶ ロボットAはたし算、ひき算の順で計算するので、15＋4＝19、19－10＝9、9＋13＝22です。

ロボットBはかけ算、ひき算の順に計算するので、15×4＝60、60－10＝50、50×13＝650です。

❷ 8×□－6＝50なので、50＋6＝56、56÷8＝7となります。

【れんしゅう2】(95ページ)

❶ 39　❷ 1，3，5

解説

4直角動くと1周することに注意して考えましょう。

❶ ⑩は②と同じなので、12から反時計回りに2直角移動して6です。

次に⑦は③と同じなので、6から反時計回りに3直角移動して9です。

最後に⑨は①と同じなので、9から時計回りに1直角移動して12です。

12→6→9→12と移動したので、12＋6＋9＋12＝39です。

❷ ⑧と⓪は同じなので、12から移動せず12になります。だから最初は12→12となります。

また最後の⑥は②と同じなので、最後は2直角動きます。2直角動くとちょうど反対側になるので、後ろ2つはちょうど反対側、つまり「3と9」または「6と12」の組み合わせしかありません。このうち12＋12＋○＋△＝36となるのは○＝3、△＝9または○＝9、△＝3です。したがって、12からⒶで3か9に移動することがわかります。

このような移動は反時計回りに1直角、3直角、5直角、…と続いていくので、Aは小さいものから順に3つあげると1、3、5となります。

3　すべての場合を調べる

【れんしゅう1】(100ページ)

10通り

解説

樹形図は次の通りです。

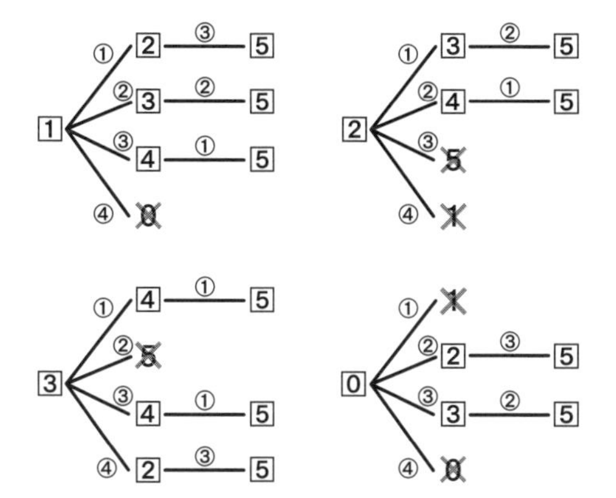

【れんしゅう2】(101ページ)

家→ あ→い→A→B→E→F →ゆうえん地

解説

家から遊園地に行くためには、「い」か「E」のどちらかは必ず通らないといけません。これらの地点から遊園地までの時間を考えると、

① い→う→遊園地　60＋5＝65分

② E→F→遊園地　10＋10＝20分

となるので、②の方がよさそうです。

そこで家からEまでの時間を調べると、

家→あ→い→A→B→E　5＋20＋10＋5＋5＝45分

家→え→お→B→E　20＋20＋10＋5＝55分

家→C→D→E　25＋15＋15＝55分

となるので、家→あ→い→A→B→Eと進むと最も時間が短くなります。このとき、家→あ→い→A→B→E→F→遊園地は45＋20＝65分です。

①のとき、い→う→遊園地も65分なので、この場合は65分より長くなります。

4　じゅんじょを整理する

【れんしゅう1】(106ページ)

(左から) ちさと → りょう → はやと → みき → だいき

解説

だいき君の発言からだいき君は左はしか右はしのどちらかにいることがわかります。しかし、りょう君の発言から、だいき君より左にりょう君がいるので、だいき君は左はしではありません。よってだいき君は右はしにいることがわかります。

次にはやと君の発言からはやと君の左に男の子がいますが、それはだいき君ではないのでりょう君です。またみきさんの発言から、みきさんとはやと君はとなりあっているので、みきさんははやと君の右どなりにいます。

さらに、ちさとさんの発言から、ちさとさんの右どなりがりょう君なので、

ちさと → りょう → はやと → みき の順で4人がとなりあっています。
これとだいき君が右はしであることから、答えの順番に決まります。

【れんしゅう2】(107ページ)
❶ はるお君　　❷ なつお君

解説
❶ なつお君、ふゆお君の発言から、
□ → なつお → □ → あきお
の順番であることがわかります。
次にあきお君の発言から3位の人のハチマキは青色でしたが、はるお君の発言よりはるお君は青色のハチマキではないので、はるお君は3位ではありません。したがって3位はふゆお君で、1位ははるお君と決まります。
❷ ❶の順位と発言から、はるお君は緑色、ふゆお君は青色のハチマキをしています。そこから、黄色のハチマキをしているのはなつお君かあきお君ですが、あきお君の発言よりあきお君は黄色のハチマキではないので、黄色のハチマキをしているのはなつお君とわかります。

5　表に整理する

【れんしゅう1】(112ページ)
春子さん：春　　夏子さん：秋
秋子さん：冬　　冬子さん：夏

解説
①、③、④のヒントを元に表に整理すると次の通りになります。

	春	夏	秋	冬
春子				×
夏子				×
秋子	×	×	×	○
冬子	×			×

このとき、冬子さんの好きな季節が夏か秋のいずれかなので、2通りの場合を考えます。

※冬子さんの好きな季節が夏とすると、

	春	夏	秋	冬
春子		×		×
夏子		×		×
秋子	×	×	×	○
冬子	×	○	×	×

このとき②のヒントより、春子さんは春が好きであることがわかるので、次の通り決まります。

(→19ページに続く)

算数模擬テストかい答用紙

1

(1)		(2)		(3)	
(4)		(5)		(6)	
(7)		(8)	kg　　g		

／48

2

(1)	円	(2)	m　　cm	(3)	月　　日
(4)	午前　　時　　分	(5)	こ	(6)	こ
(7)	cm				

／42

3

(1)		(2)	
(3)	通り	(4)	通り

／24

4

(1)		(2)	A	B
(3)	ア	イ	ウ	

／18

5

(1)	数字	カード　　と
(2)	と	(3)　　と

／18

受けん番号 ［　　］ 名前 ［　　］ 点数 ［　　／150］

※受けん番号は空らんでかまいませんが、入じゅくテストのときには書き忘れないようにしましょう。

	春	夏	秋	冬
春子	○	×	×	×
夏子	×	×	○	×
秋子	×	×	×	○
冬子	×	○	×	×

※冬子さんの好きな季節が秋とすると、

	春	夏	秋	冬
春子			×	×
夏子			×	×
秋子	×	×	×	○
冬子	×	×	○	×

このとき、②のヒントと合うような入れ方はありません。
したがって答えの通りに決まります。

【れんしゅう2】(113ページ)

❶ さちこさん

❷ 英会話、ダンス

❸ そろばん、英会話

解説

最初の3つのヒントを元に表に整理すると次の通りになります。

	そろばん	水泳	英会話	ダンス
あきこ	×	×		
かずこ		×		○
さちこ	○	○		
たかこ		×		×

4人とも習い事は2つなので、あきこさんは英会話とダンスを習っている、さちこさんは英会話とダンスを習っていない、たかこさんはそろばんと英会話を習っていることがわかります。

	そろばん	水泳	英会話	ダンス
あきこ	×	×	○	○
かずこ		×		○
さちこ	○	○	×	×
たかこ	○	×	○	×

さらに英会話を習っているのは3人なので、かずこさんは英会話を習っており、そろばんを習っていないことがわかります。

	そろばん	水泳	英会話	ダンス
あきこ	×	×	○	○
かずこ	×	×	○	○
さちこ	○	○	×	×
たかこ	○	×	○	×

これらのことから全員の習い事がわかったので、答えが出ます。

6　立体図形

【れんしゅう1】(118ページ)

④

解説

㋐、㋑、㋒はそれぞれ3個、4個、3個の立方体でできています。

また①は10個、②は10個、③は9個、④は11個の立方体でできています。

10＝3＋3＋4より、①と②は㋐または㋒を合わせて2個と、㋑を1個で作ることになりますが、たとえばそれぞれ次のように作ることができます。

①

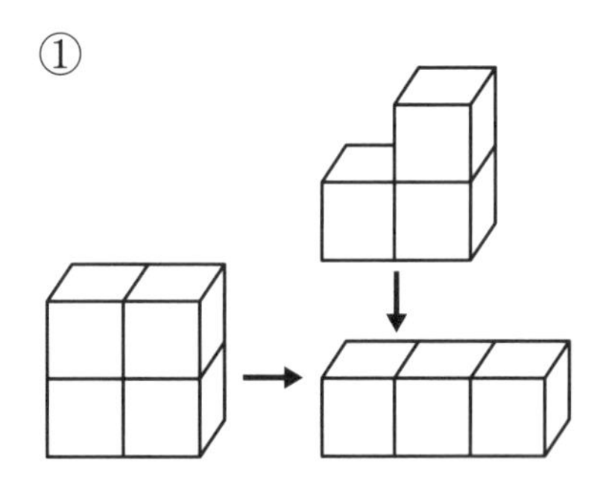

②

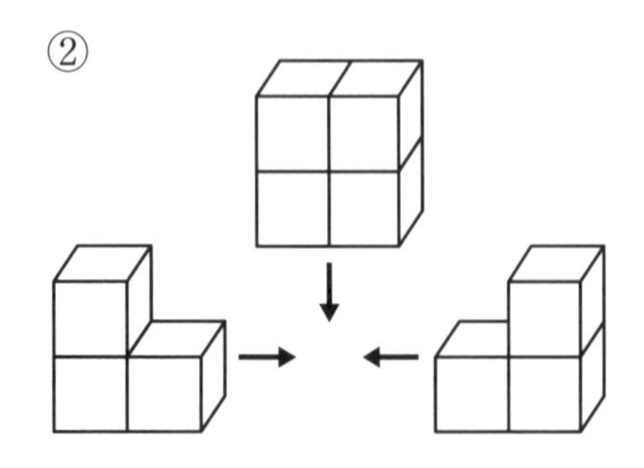

また9＝3＋3＋3より、③は㋐と㋒合わせて3個を使って作ることになり、次のように作れます。

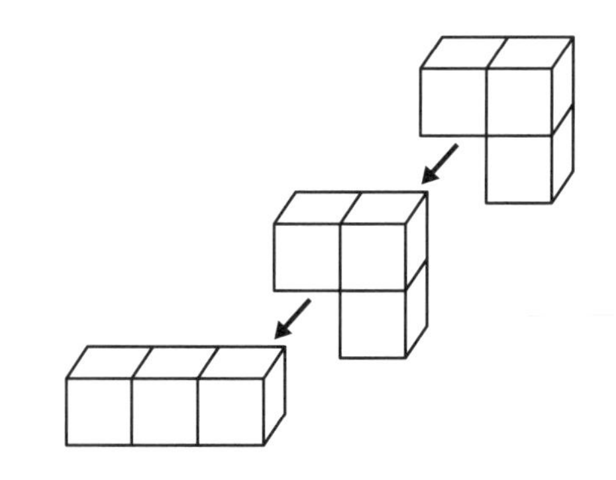

11＝3＋4＋4より、④には㋑が2個使われているはずですが、④からはどのようにしても㋑を2個とることはできません。

したがって、作ることができないものは④です。

【れんしゅう2】(119ページ)

24個

解説

左から順に1列目、2列目、…とすると、1列目には9個、2列目には5個、3列目には7個、4列目には3個の立方体が使われているので、9＋5＋7＋3＝24個です。

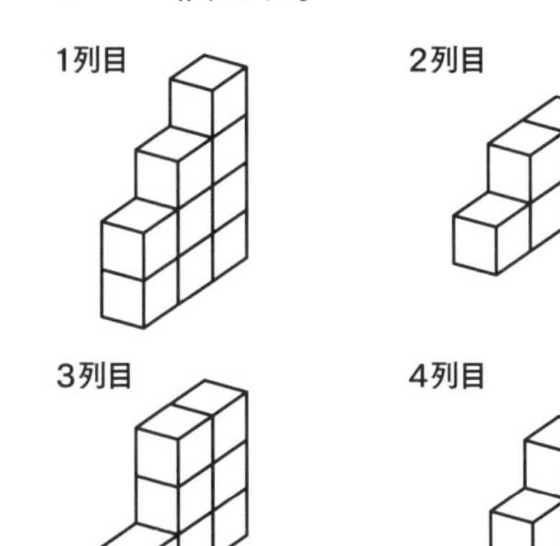

第４章　問題集 の解答・解説

1 (122ページ)

(1) 127　(2) 118　(3) 52
(4) 38　(5) 7419　(6) 6003
(7) 8711　(8) 5555　(9) 7437
(10) 2649

2 (123ページ)

(1) 560　(2) 2000　(3) 86
(4) 276　(5) 342　(6) 14061
(7) 50728　(8) 27024
(9) 23680　(10) 31356

3 (124ページ)

(1) 3あまり10　(2) 5
(3) 4あまり300　(4) 50
(5) 29　(6) 25あまり１
(7) 53　(8) 213あまり１
(9) 118　(10) 203あまり３

4 (125ページ)

(1) 8.2　(2) 10　(3) 7.5
(4) 3.8　(5) 4.3　(6) 4.6
(7) $\frac{3}{7}$　(8) 1　(9) $\frac{3}{11}$
(10) $\frac{11}{15}$

5 (126ページ)

(1) 82　(2) 24　(3) 92
(4) 121　(5) 12　(6) 224
(7) 4

6 (127ページ)

(1) 35　(2) 116　(3) 276
(4) 200　(5) 7800　(6) 8600
(7) 6900

7 (128ページ)

(1) 53　(2) 88　(3) 14
(4) 576　(5) 487　(6) 413
(7) 30　(8) 50　(9) 5.6
(10) 9.2

8 (129ページ)

(1) 41　(2) 195　(3) 8
(4) 444　(5) 184　(6) 18
(7) 15

9 (130ページ)

(1) 20, 8　(2) 6200
(3) 0.8　(4) 600
(5) 8, 60　(6) 3, 950
(7) 2, 83　(8) 6, 2
(9) 10, 8　(10) 1, 5

10（131ページ）

(1) 50, 30　(2) 2800

(3) 385　(4) 13, 20

(5) 1440　(6) 4, 50

(7) 9, 992　(8) 7, 40

(9) 4, 35　(10) 12, 30

11（132ページ）

(1) 1m52㎝　(2) 77点

(3) 160g

解説

(1)下の図のようになるので、1m46㎝＋6㎝＝1m52㎝です。

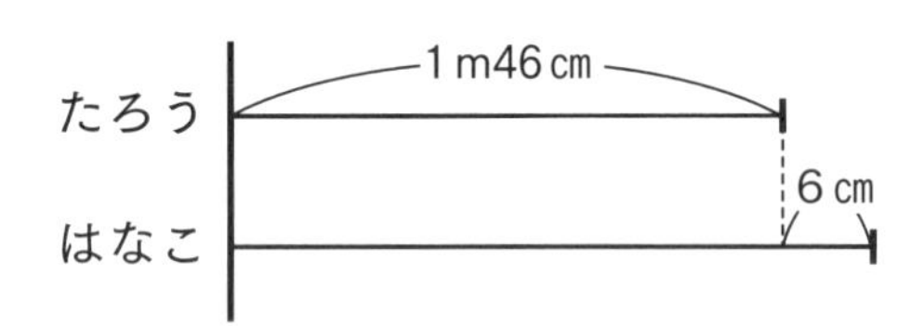

(2)下の図のようになります。

83－19＝64点…ごろう君

64＋13＝77点…つよし君

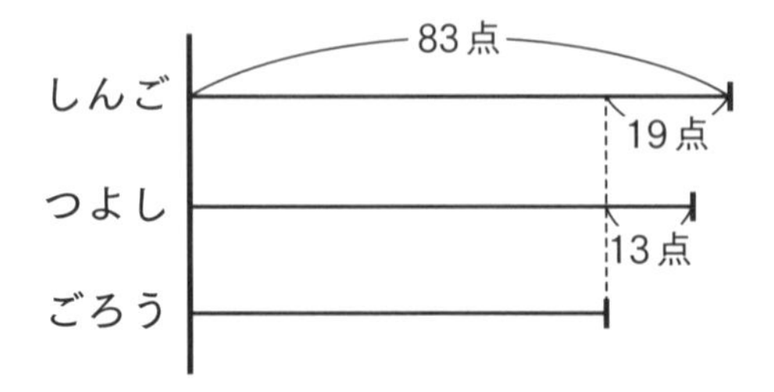

(3)次の図のようになります。

430－120＝310g…白

310－80＝230g…青

230－70＝160g…赤

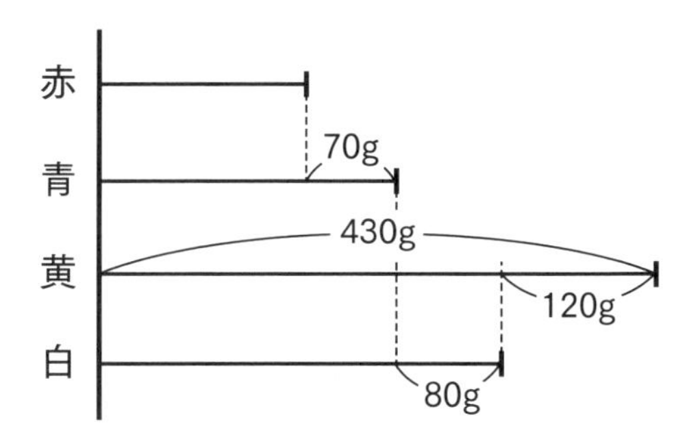

12（133ページ）

(1) 5dL　(2) 18分

(3) 19回

解説

(1)下の図のようになります。

2L＝20dL

20÷4＝5dL

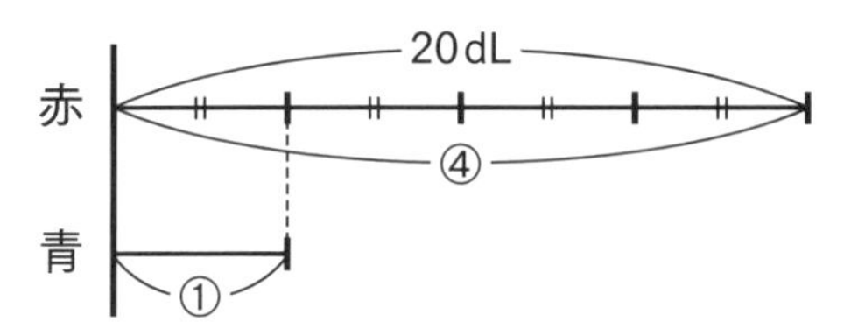

(2)下の図のようになります。

1日＝24時間

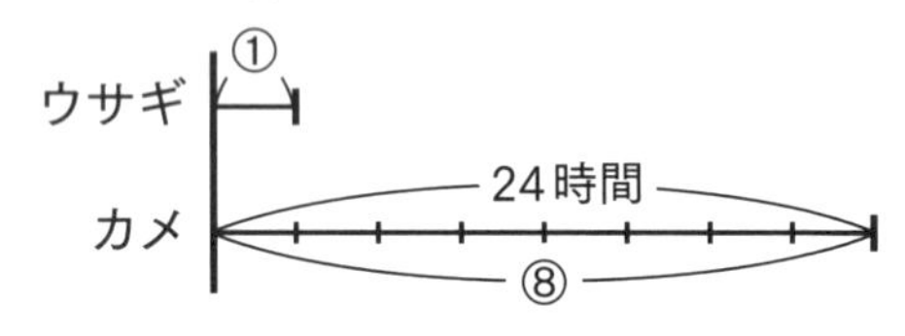

24÷8＝3時間＝180分…ウサギ

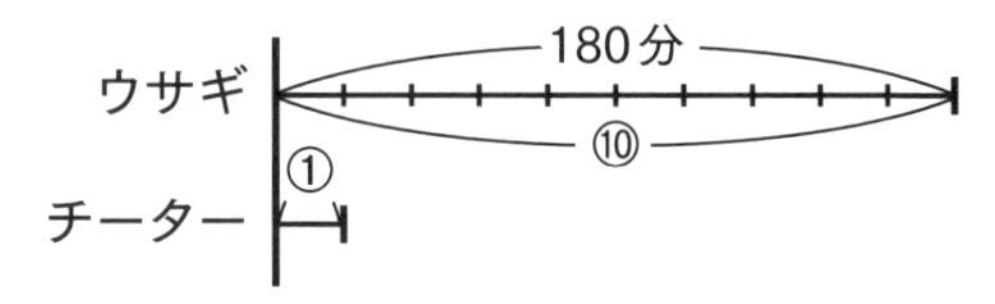

180÷10＝18分…チーター

(3)150÷8＝18あまり6

このとき、18回くみ出した時点で6L がまだ残っているので、もう1回くみ出す必要があります。
よって18＋1＝19回です。

13（134ページ）

(1) 480g　(2) 1kg840g

(3) 40cm

解説

(1)1.2kg＝1200g
1200−180×4＝480g

(2)80×3＝240g…りんご1個
2kg800g＝2800g
2800−240×4＝1840g＝1kg840g

(3) 4回切るということは次の図の通り4＋1＝5つに切り分けられたということです。

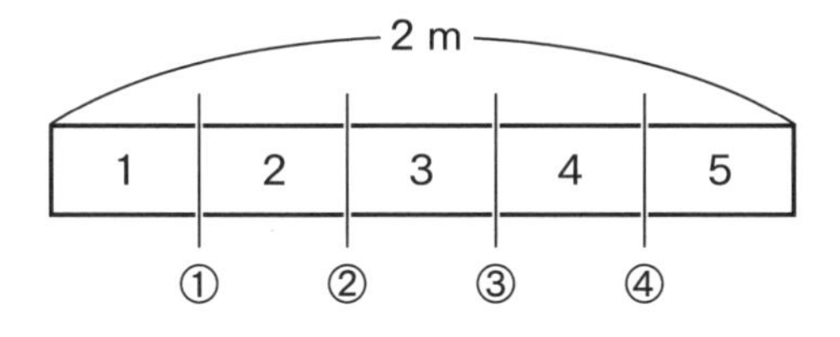

2m＝200cmより、200÷5＝40cmです。

14（135ページ）

(1) ① 7006004005
② 53000000084
③ 320309800000

(2) ① 8070
② 260400
③ 75000
④ 89000

解説

0の数に注意して見てください。
(2) ②一万を26個集めると260000、十を40個集めると400なので、260000＋400＝260400です。
③一万を6個集めると60000、千を15個集めると15000なので、60000＋15000＝75000です。
④千を80個集めると80000、百を55個集めると5500、十を350個集めると3500なので、80000＋5500＋3500＝89000です。

15（136ページ）

(1) ① △　② 28番目

(2) ① 25こ　② 13こ

解説

(1)○△○□△の5個で繰り返しています。
①22番目まで書くと、
○△○□△／○△○□△／
○△○□△／○△○□△／
○△
となるので、22番目は△です。

②同じように○が12回出てくるまで書くと、次の通り全部で28個並びます。

○△○□△ / ○△○□△ /
○△○□△ / ○△○□△ /
○△○□△ / ○△○

(別解)次のように計算で解くこともできます。

①22÷5＝4あまり2なので、○△○□△を4回繰り返した後2個並びます。よって2番目の△です。

②○△○□△の1セットの中に○は2回出てくるので、12÷2＝6回これを繰り返すと○は12個出てきます。最後のセットで○が2回目に出てくるのは3番目なので、5×5＋3＝28番目です。

(2)①5番目の図形は次の通りです。

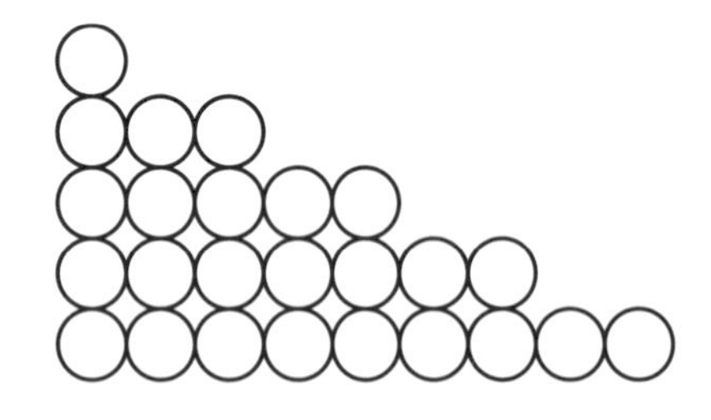

②前の図形から次の図形を作るには、一番下の段を加えていることがわかります。これに注目すると、

1番目と2番目の差　3個
2番目と3番目の差　5個
3番目と4番目の差　7個

と2個ずつ増えていくので、これを繰り返して6番目と7番目の差は13個です。

16(137ページ)

(1) ① 23こ　② 28こ
(2) ① 363　② 663

解説

(1) ①

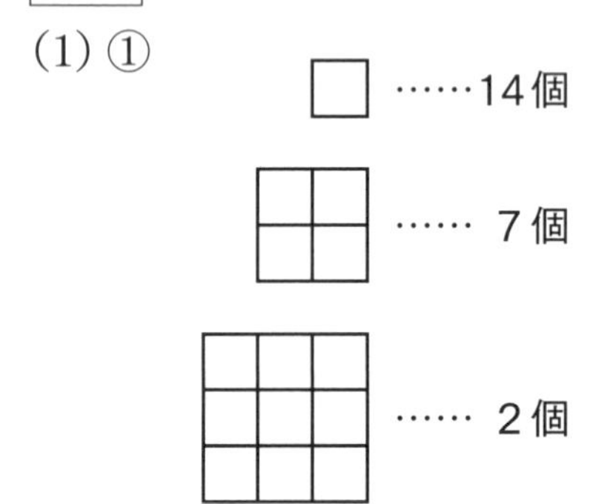

14＋7＋2＝23個です。

②

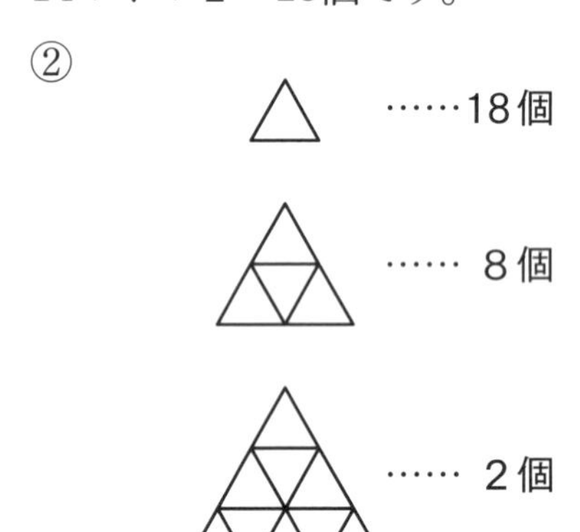

18＋8＋2＝28個です。

(2)①百の位は0以外でなるべく小さいものを選んで1と2、十の位は残った数から小さいものを選んで0と5のように決めると、例えば106＋257などが小さくなります。

②百の位は最も差が大きい組み合わせで7と1(0は使えません)、十の位は次に差の大きい組み合わせで6と0、一の位に5と2を入れると、765－102が最も大きくなります。

17(138ページ)

(1) ① 3㎝　　② 30㎝

(2) ① 66㎝　　② 120㎝

解説

(1)①横に4個のボールが入っているので、ボール1個の直径は24÷4＝6㎝、よって半径は6÷2＝3㎝です。

②たてに5個並んでいるので、6×5＝30㎝です。

(2)図のように移動して考えます。

①

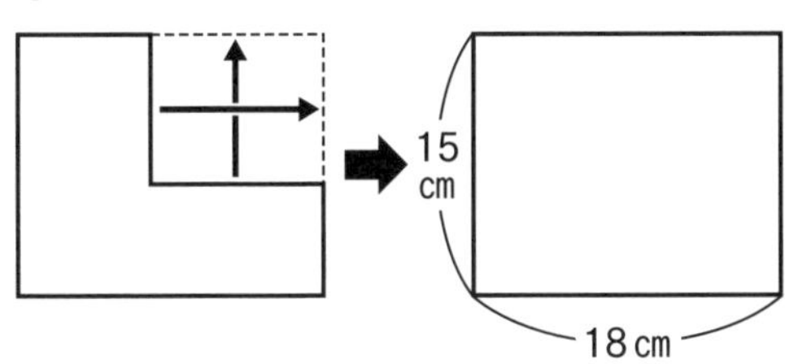

(15＋18)×2＝66㎝

②

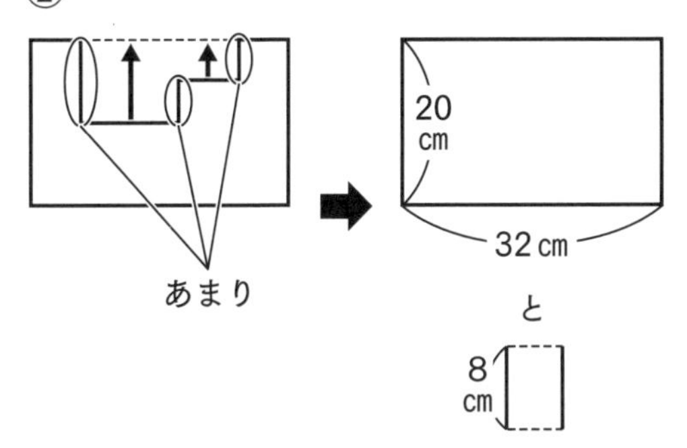

長方形の外回りと、8㎝が2本分になったので、(20＋32)×2＋8×2＝120㎝です。

18(139ページ)

(1) ①

$$\begin{array}{rccc} & 7 & \boxed{2} & 3 \\ - & \boxed{2} & 2 & 4 \\ \hline & 4 & 9 & \boxed{9} \end{array}$$

②

$$\begin{array}{rccc} & \boxed{4} & 7 & \boxed{6} \\ \times & & & 7 \\ \hline 3 & \boxed{3} & \boxed{3} & 2 \end{array}$$

(2) ア＝1、イ＝2、ウ＝3、エ＝8、オ＝6

解説

(1)①一の位は十の位から1繰り下げると考えて13－4＝9です。

十の位は一の位に繰り下げた分を考えれば□－1－2＝9より□＝12ですが、これは百の位から1繰り下げたと考えれば2が入ることになります。

百の位は十の位への繰り下げを考えて7－1－□＝4より□＝2です。

②一の位は□×７の一の位が２より、６です。このとき十の位に４繰り上がります。
十の位は７×７＋４＝53より３で、百の位に５繰り上がります。
百の位は□×７＋５の十の位が３になるので□＝４で、このとき476×７＝3332となります。

(2) エ×ア＝エより、これを１～９で作るにはア＝１です。
このときア＋イ＝ウより、ウはイよりも１だけ大きいので
(イ、ウ)＝(２、３)、(３、４)…
と続きますが、イ×ウ＝オのオが１桁となるものはイ＝２、ウ＝３のときのみで、オ＝６です。
よってエ－オ＝イからエ－６＝２、つまりエ＝８とわかります。

19 (140ページ)

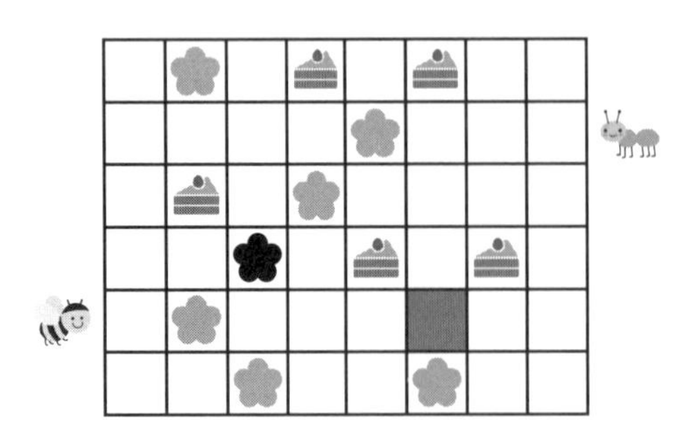

解説
元の図のままだと、はち君は14マス目にゴールできますが、ありんこさんはゴールできません。そこでありんこさんが14マス目にゴールできるように入れることを考えると次のようになります。

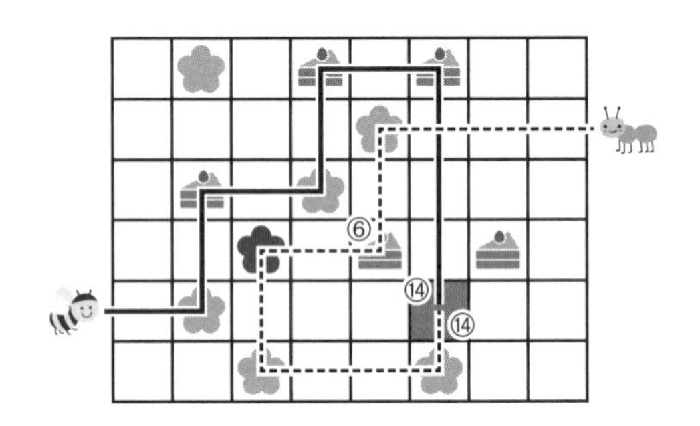

20 (141ページ)

(1) ① 12　② 0
(2) 66　(3) 13, 27

解説
(1)①《732×39》＝《28548》
＝４＋８
＝12
②《132＋43》×《613＋187》
＝《175》×《800》
＝(７＋５)×(０＋０)
＝０
(2)たして１になる２つの数は０と１なので、576－Ａの下２桁は01または10です。
このうち576より小さくて最も近くなるものは510なので、576－Ａ＝510、よってＡ＝576－510＝66です。

(3)《73＋B》×《113－B》＝0より、《73＋B》と《113－B》のどちらか一方は0、つまり下2桁は00です。このうちBが2桁のものは次の2つです。

73＋B＝100のときB＝27

113－B＝100のときB＝13

21（142ページ）

(1) 20点　(2) 5通り

解説

(1)「5」「5」「×2」または「5」「×2」「×2」の順に出たときに最大になります。

(2)「×2」が何回目に出たかによって分けて考えます。

「×2」が1回目とすると、0×2＝0点となりますが、残り2回で14点をとることはできません。

「×2」が2回目とすると、2回目が終わった時点で1回目に出た目の2倍の点数になります。1回目が1～4のときは2回目が終わったときに最大8点なので、3回目で14点にはできません。

1回目が5のときは「5」「×2」「4」のときに14点になるので1通りです。

「×2」が3回目のとき、2回目が終わった時点で7点になればよいので、(1回目、2回目)の順に(2、5)、(3、4)、(4、3)、(5、2)の4通りがあります。

以上より1＋4＝5通りです。

22（143ページ）

算数

解説

②と③から、考えられる並び方は次の2通りです。

体育→算数→□→音楽→□

□→体育→算数→音楽→□

しかし④より、下の並び方だと理科がどこにも入れられないので正しくありません。

上の並び方だとすると理科を3時間目に入れることができ、残りの図工も含めて次の通り決まります。

体育→算数→理科→音楽→図工

たろう君の好きな科目は①より2時間目の算数です。

23（144ページ）

けんた君：パン

とおる君：バター

ゆうと君：牛にゅう

りく君：たまご

解説

②、③、④を表に入れると次ページの表のようになります。

	牛にゅう	たまご	パン	バター
けんた	×	×		
とおる	×		×	
ゆうと				
りく		○		

りく君がたまごを買ったことから他の3人はたまごは買っていないことなどに注意して次の通り×が入ります。

	牛にゅう	たまご	パン	バター
けんた	×	×		
とおる	×	×	×	
ゆうと		×		
りく	×	○	×	×

このことからとおる君はバターを買ったことが決まり、同様に次のようになります。

	牛にゅう	たまご	パン	バター
けんた	×	×		×
とおる	×	×	×	○
ゆうと		×		×
りく	×	○	×	×

なのでけんた君はパンを買ったことになり、表は次の通り完成します。

	牛にゅう	たまご	パン	バター
けんた	×	×	○	×
とおる	×	×	×	○
ゆうと	○	×	×	×
りく	×	○	×	×

24(145ページ)

(1) 21こ　　(2) 43こ

解説

(1)下の図のように左の列から順に7個、5個、4個、5個あるので、7＋5＋4＋5＝21個です。

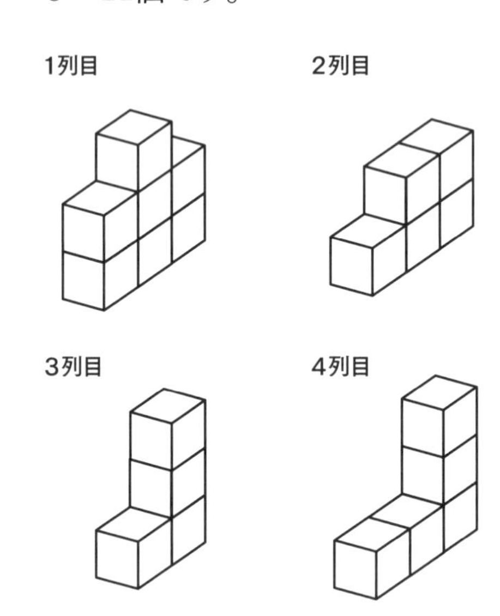

(2)横が4列あるので、1辺4個の立方体を作ることを考えます。そのためには4×4×4＝64個の立方体を使うので、あと64－21＝43個必要です。

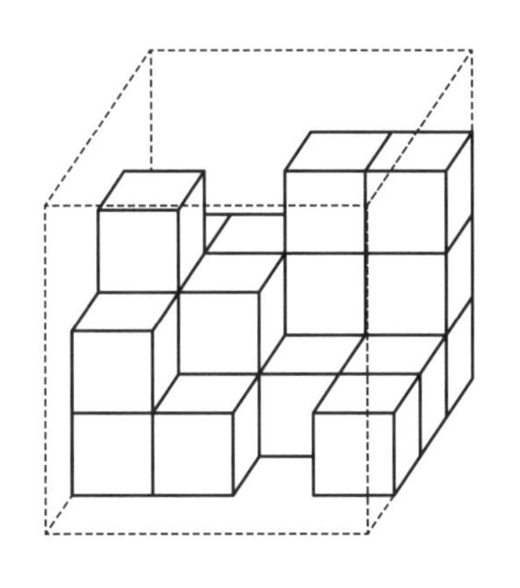

模擬テスト の解答・解説

1

(1) 7841　(2) 53508
(3) 12　(4) 484
(5) 122　(6) 68
(7) 1080　(8) 7，930

2

(1) 1400円　(2) 3 m60cm
(3) 8月26日　(4) 午前9時30分
(5) 13こ　(6) 26こ
(7) 4 cm

3

(1) 2　(2) 1，2，4，5
(3) 5通り　(4) 6通り

4

(1) エ
(2) A：5、B：3
(3) ア：1、イ：2、ウ：3

5

(1) 数字：2　カード：オとコ
(2) ウとカ
(3) アとエ

配点　各6点×25問＝150点
3 (2)、**4** (2)(3)、**5** (1)はそれぞれすべてできて得点

解説

1 (計算問題)

できなかったものについては次のページで再確認しましょう。
(1) 17ページ　(2) 19ページ
(3) 22～25ページ　(4) 38～39ページ
(5) 30～31ページ　(6) 38～39ページ
(7) 40～41ページ　(8) 44～45ページ

2 (小問集合)

(1) 4週間は7×4＝28日なので、50×28＝1400円です。
(2)ゆかりさんのもらったリボンの長さは2 m40cm÷2＝1 m20cmなので、元のリボンの長さは2 m40cm＋1 m20cm＝3 m60cmです。
(3)180÷8＝22あまり4ですが、あまりの4ページを読むのにもう1日かかるので、22＋1＝23日かかります。
　8月4日から数えて23日目なので、8月4日の22日後、つまり4＋22＝26より8月26日です。
(4)あきら君が中町に着いたのは10時30分＋2時間40分＝13時10分なので、かずお君はその20分前、つまり13時10分－20分＝12時50分に中町に着きました。よってかずお君が西町を出たのは12時50分－3時間20分＝9時30分です。
(5)「2，4，3，2，3」の5個を繰り返してできていることに注目して33番目

まで書き出すことで答えることができます。計算で求めると、33÷5＝6あまり3より、「2，4，3，2，3」を6回繰り返した後、3個の数字を書くことになります。「2，4，3，2，3」には3が2個あり、最後に3個書く「2，4，3」に3は1個あるので、全部で2×6＋1＝13個の3が書かれます。
(6)正方形の大きさごとに分けて調べます。

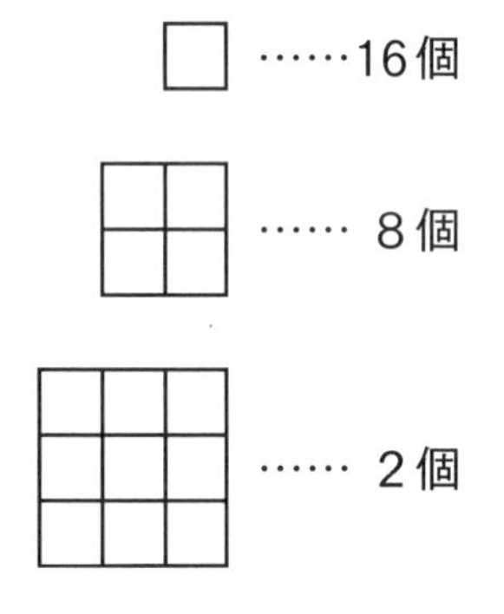

これらを合わせて16＋8＋2＝26個です。
(7) 下の図のように移動して考えます。

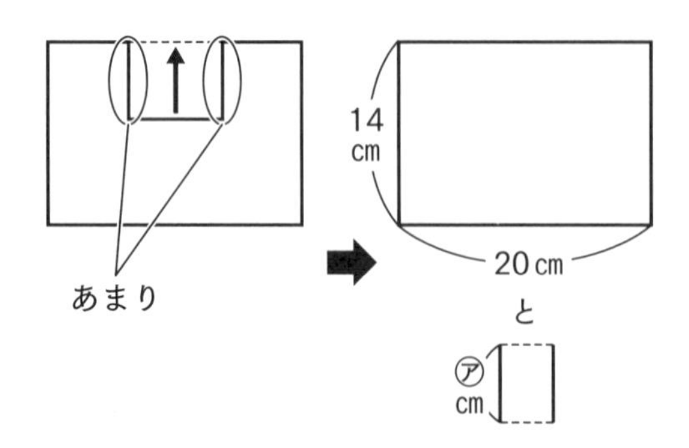

14cmが2本、20cmが2本、㋐cmが2本を合わせて76cmなので、㋐2本分は76－(14＋20)×2＝8cm、よって㋐は8÷2＝4cmです。

3 (調べ上げる問題)
(1) 4、6と目が出ると0→4→6と動くので、次に2が出るとあがりになります。
(2)イ＝1のとき、0→5→6→5→8となりあがることができます。
イ＝2のとき、0→5→0(7でふりだしに戻る)→5→8となりあがることができます。
イ＝3のとき、0→5→8の2回であがってしまうので正しくありません。
イ＝4のとき、0→5→0(7でふりだしに戻る)→5→8となりあがることができます。
イ＝5のとき、0→5→6→5→8となりあがることができます。
イ＝6のとき、0→5→5→6→0(7でふりだしに戻る)のであがることができません。
よってイとして考えられるものは1，2，4，5です。
(3)(1回目、2回目)の順に(2、6)、(3、5)、(4、4)、(5、3)、(6、2)の5通りがあります。
(4) 4回目に2が出てあがるには、3回終わった時点で6にいることが必要です。
ウ＝1のとき、0→4→5となるので、次に6にいるためには1か5が出ればよいです。
ウ＝2のとき、0→4→6となるので、

次に6にいるためには4が出ればよいです。
ウ＝3のとき、0→4→0（7でふりだしに戻る）となるので、次に6にいるためには6が出ればよいです。
ウ＝4のとき、0→4→8とあがってしまい正しくありません。
ウ＝5のとき、0→4→0（7でふりだしに戻る）となるので、次に6にいるためには6が出ればよいです。
ウ＝6のとき、0→4→6となるので、次に6にいるためには4が出ればよいです。
これらより、（ウ、エ）として考えられる組み合わせは、（1、1）、（1、5）、（2、4）、（3、6）、（5、6）、（6、4）の6通りです。

4（立体図形）

(1)アは組み立ててもさいころができません。イは2と4、3と5が反対の面にくるので、たしても7になりません。ウは向かい合う面をたすと7ですが、図とはちがうさいころになってしまいます。
(2)わかりにくい場合は実際にさいころを転がしながら確認してみましょう。右に2つ転がしても手前の面は2なので、手前にたおした時に2が下の面、つまりAで上の面は5です。またAのときに左の面にある3がBの面では上にきます。
(3)左前のさいころで右にある面は4なので、ウは4の向かい側にある3です。また右後ろのさいころで手前にある面は5なので、イは5の向かい側にある2です。このことからアは1とわかります。

5（推理する問題）

(1)はじめにあきら君がめくったイとクの合計は4ですが、そろわなかったのでこの2枚は1と3であったことがわかります…①
次のかつや君のめくったエとカも同じようにして4と5であったことがわかります…②
このときまだめくられていないカードでたてに2枚そろっているものはオとコだけなので、さとし君がめくった2枚はこの2枚とわかります。またその数字はこれまでに出ていない2であることもわかります。
(2)この次にさとし君がめくった「上のだんにあるまだめくられていない2枚」とはアとウのことで、このうちの1枚は5です…③
次にあきら君がそろえた2枚の合計は2だったので、この2枚に書かれていた数は1です。またその2枚は下の段で横に並んでいますが、その場所を考えてみましょう。

コは2で、カは4か5のどちらかだとわかっているので、この2枚はキ、ク、ケのどれかです。横に並んでいるのでクは1であると決まり、①よりイが3であったこともわかります。
この後あきら君が2枚めくったときに下の段に5があることがわかりました。なので、上の段の5は多くても1枚ですが、③からアかウのどちらかは5であることがわかっているので、エは5ではありません。だからエは4で、②よりカが5となります。
ここまでのことから、次に2枚めくってかつや君がそろえた5のうち1枚はカで、もう1枚はアかウのどちらかですが、たてにも横にも並んでいなかったことからアではなくウであったことがわかります。
以上より、かつや君がそろえた2枚の5はウとカです。
(3) ここまででわかった状況を整理すると次の通りになります。(色のついたカードはすでにとられたものです)

ア	3	5	4	2
5	キ	1	ケ	2

(キとケのうち1枚は1で、それはすでにとられています)
キ、ケのどちらが1かによって2通りの可能性があるので、両方とも調べてみます。
キ＝1のとき、かつや君がこの次にめくった下の段の1枚はケで、その上のカードはエ＝4です。これがそろわなかったので、ケ＝3で、ア＝4となります。このとき3、4ともにたてにも横にも並んでいません。
ケ＝1のとき、かつや君がこの次にめくった下の段のカードはキで、その上のカードはイ＝3です。これがそろわなかったのでキ＝4で、ア＝3です。しかしこの場合は3がアとイに横並びになってしまうので正しくありません。
このことから正しいのはキ＝1の場合で、4が書かれていた2枚はアとエであったことがわかります。

※(2)以降は最上位クラスを目指す子ども向けのチャレンジ問題です。実際のテストでは、このような複雑な問題を深追いせず、他の見直しに時間をあてるのもひとつのやり方です。